中国陶瓷产业发展基金会资助
中国建筑卫生陶瓷协会与中国陶瓷产业发展基金会共同组织编写

建筑陶瓷智能制造与绿色制造

韩文　张柏清　许剑雄　王俊祥　方毅翔　著

中国建材工业出版社

图书在版编目（CIP）数据

建筑陶瓷智能制造与绿色制造 / 韩文等著. —北京：中国建材工业出版社，2020.10
ISBN 978-7-5160-3062-2

Ⅰ.①建… Ⅱ.①韩… Ⅲ.①建筑陶瓷-智能制造系统②建筑陶瓷-无污染工艺 Ⅳ.①TQ174.76

中国版本图书馆 CIP 数据核字（2020）第 175160 号

内 容 简 介

本书是一部关于建筑陶瓷智能制造与绿色制造及智能工厂建设的实用指导书，首先介绍了建筑陶瓷智能制造和绿色制造的现状和内涵，其次系统地构建了建筑陶瓷智能制造和绿色制造的理论模型与技术路线图，最后从生产管理的角度，为建筑陶瓷智能工厂的建设提供解决方案，涵盖了生产技术、设备及生产管理等方面内容。全书内容翔实、通俗易懂，注重实用性、操作性、理论联系实际、理论与实践结合。

本书是一本关于建筑陶瓷企业智能工厂建设、生产、管理的实用技术类图书，也是建筑陶瓷智能装备的研发、生产、管理等技术人员的参考工具书，同时对智能制造和智能工厂研究者也具有较好的参考价值。

建筑陶瓷智能制造与绿色制造
Jianzhu Taoci Zhineng Zhizao yu Lüse Zhizao
韩文　张柏清　许剑雄　王俊祥　方毅翔　著

出版发行：中国建材工业出版社
地　　址：北京市海淀区三里河路 1 号
邮　　编：100044
经　　销：全国各地新华书店
印　　刷：北京雁林吉兆印刷有限公司
开　　本：710mm×1000mm　1/16
印　　张：9.25
字　　数：150 千字
版　　次：2020 年 10 月第 1 版
印　　次：2020 年 10 月第 1 次
定　　价：58.00 元

本社网址：www. jccbs. com，微信公众号：zgjcgycbs
请选用正版图书，采购、销售盗版图书属违法行为

本书如有印装质量问题，由我社市场营销部负责调换，联系电话：（010）88386906

序

我的母校景德镇陶瓷大学张柏清老师与韩文老师等合著的《建筑陶瓷智能制造与绿色制造》一书即将面世，这是件值得庆贺的事，也为中国建陶行业的发展又增添了一项重要的、系统的理论研究成果。这本书源于中国陶瓷产业发展基金会资助的“未来建筑陶瓷企业发展模式的研究”和“建筑陶瓷智能工厂的研究”两个项目的研究成果。我作为中国陶瓷产业发展基金会理事长，也一直在推动这项前沿性课题研究。

回顾中国建陶行业在走向智能化的道路上，经历了几个阶段：20世纪80年代，是手工化到机械化生产阶段；20世纪90年代，实现了自动化；2000年以后，行业开始在管理层面走向信息化，还没有进入制造端；2010年以后，行业开始进入数字化时代，重塑行业的生产和管理；数字化实现大数据的互联后，就可以实现智能化。因此，2020年以后，行业可以系统性地进行智能化尝试。不过，智能化工厂不单是制造端的数字化，而是制造与销售、服务相连接，将个性化消费趋势、消费方式和数字化生产方式，通过互联网衔接起来，最终形成完整的“工业4.0”解决方案。

同样地，绿色化也是建陶行业发展的必然趋势。近年来，从污染物排放标准的不断提升，到各大产区不同程度推进的“煤改气”，再到矿山整治，以及绿色建材行业标准和管理办法的制定，从中央到地方政府正在通过各种政策，引导行业从原料端到消费端逐步实现绿色化。

在此背景下，本书作者以学者严谨的态度，深入行业进行前瞻性研究，最终形成《建筑陶瓷智能制造与绿色制造》一书，对行业发展来说，具有很强的现实意义和指导意义。该书以对我国建筑陶瓷产业的剖析为切入口，在“建筑陶瓷智能制造模型”和“建筑陶瓷绿色制造模型”构建的基础上，对“建筑陶瓷智能工厂”进行了构建，并通过对国内外建筑陶瓷智能制造典型案例进行分析，为建筑陶瓷智能工厂的建设提供参考方案。作为一项前瞻性、指导性、工具性的应用型研究成果，《建筑陶瓷智能制造与绿色制造》一书是对建筑陶瓷行业智能制造与绿色制造的第一次综合性、系统性、科学性的总结。全书数据翔实，文字内容言简意赅，模型图和技术路线图清晰明了；同时还借鉴了美国、欧盟等国家和地区“智能制造”和“绿色制造”的研究成果和行业经验，迈出了具有中国特色的建筑陶瓷行业智能制造和绿色制造研究与实践的重要一步。

2018年12月24日，中国建筑卫生陶瓷协会在广东佛山组织召开中国陶瓷产业发展基金会“建筑陶瓷智能工厂的研究”课题评审会，我也对这一课题提出了一些自己的意见：建陶行业的智能化工厂，要从三个维度来推动，分阶段、分工序、分等级进行。首先要实现单机智能化，即制造装备智能化；其次实现生产过程的智能化，也就是模块智能化；最后将建陶制造端体系和服务端体系打通，形成完整智能循环体系，即智能制造的“工业4.0”。从单机智能化，到模块智能化，再到整线智能化，最终实现前端生产和后端管理的打通，这是一个逐步形成的过程。期待作者不断研究，从理论探索到实际应用，使之落地成为陶瓷企业应用的成果。

最后我们也期待，中国建陶行业将来不断有《建筑陶瓷智能制造与绿色制造》这样的研究成果涌现，在企业界实践前行和学术界理论探讨的“双轮驱动”下迎来新的发展，中国建陶行业的明天，也会更加美好。

（鲍杰军）

中国建筑陶瓷行业协会副会长

欧神诺陶瓷有限公司创始人、归然书院院长

2020年9月3日 于佛山

前　言

2015年5月19日，国务院正式印发了“中国制造2025”。这是在总揽国际国内发展大势，站在增强我国综合国力、提升国际竞争力、保障国家安全的战略高度做出的重大战略部署，其核心是加快推进制造业创新发展、提质增效，实现从制造大国向制造强国转变，也是我国实施制造强国战略的第一个十年行动纲领，同时也为我国建筑陶瓷制造指明了方向。

正是从这一重要的战略时刻开始，本书作者团队先后承担了中国建筑卫生陶瓷协会、中国陶瓷产业发展基金会“未来建筑陶瓷企业发展模式的研究”和“建筑陶瓷智能工厂的研究”两个科研项目。在2015—2019年近5年的时间里，本书作者团队对建筑陶瓷行业和企业的智能制造开展了全面详尽的研究，先从我国建筑陶瓷产业的发展历程入手，构建了我国建筑陶瓷的智能制造系统，搭建了我国建筑陶瓷的智能工厂体系，为我国建筑陶瓷产业的绿色制造与智能制造指明了方向。

2019年5月，在“建筑陶瓷智能工厂的研究”项目的专家论证会结束时，鲍杰军先生提出是否能将相关研究成果出版成书，以便让更多的行业人士获取到这些研究成果，并运用到各自的企业实践当中，以最终促成中国建筑陶瓷产业的绿色化和智能化发展。于是，本书作者团队开始着手撰写此书，以供建筑陶瓷产业领域的政府部门、行业组织、企业、科研院所人士学习和参考。

本书的撰写由景德镇陶瓷大学韩文教授领衔，与张柏清、许剑雄、王俊祥、方毅翔共同完成，最后由张柏清教授审阅定稿。在本书的撰写过程中，承蒙鲍杰军先生热情指导和审阅。同时，广东东鹏控股股份有限公司、广东赛因迪科技股份有限公司、广东博晖机电有限公司、广东丽柏特科技有限公司、佛山欧神诺陶瓷有限公司、广东强辉陶瓷有限公司、佛山市禅城区南庄镇陶瓷产业促进会、佛山市恒力泰机械有限公司等公司也为本书的撰写提出不少建议。另外，柳浩南、刘洋等同志为本书做了一些插图工作。在此一并向他们表示诚挚的谢意！

由于我们的水平有限，加之时间仓促，书中难免存在不足之处，敬请同行专家、学者以及广大读者不吝赐正。最后，向本书所引用、参阅有关资料的作者致以谢意！

韩文

2020 年 5 月

于景德镇陶瓷大学湘湖校区

目　　录

第1章

我国建筑陶瓷产业的现状

1.1 我国建筑陶瓷产业的基本情况分析

从1995年至2019年，我国建筑陶瓷行业经历了起伏多变的20多年；从计划经济到市场经济，建筑陶瓷企业的竞争日趋白热化；尤其是在“十二五”（2011—2015年）和“十三五”（2016—2020年）期间，我国建筑陶瓷产业在经济形势新常态下，呈现出不同以往的发展态势。

1.1.1 产量

2011—2018年，整个建筑陶瓷产业产量总体呈现持续增长的态势，但个别呈现出增速减缓、先扬后抑的趋势；2015年出现了十年内产量的首次负增长，2016年有所回升，但形势并未就此好转，2017年和2018年连续两年出现负增长，见表1-1。

表1-1 2011—2018年中国陶瓷砖产量及增速

年份	2011	2012	2013	2014	2015	2016	2017	2018
陶瓷砖（亿 m^2）	87.0	89.9	96.9	102.3	101.8	102.6	101.5	90.11
增速（%）	14.9	3.4	7.8	5.8	−0.5	0.7	−1.07	−11.2

1.1.2 出口

2011—2015年，我国建筑陶瓷出口总数基本维持在10亿～11亿 m^2，呈现稳中有升的趋势。到2016年，瓷砖出口出现出口量和出口额双降的现象。

出口金额方面：在2012年出口量递增0.7亿 m^2 的情形下，增加15.9亿美元，同比递增33.4%；2014年首次出现出口量和出口金额同比下降的情形；2015年出口逆市上扬，在出口量仅增加0.1亿 m^2 的基础上，出口金额增加5.2亿美元，同比增加6.65%。但自2016年之后，一直处于出口量、出口价齐跌的态势（表1-2）。

表1-2 2011—2018年中国陶瓷砖出口量及金额

年份	2011	2012	2013	2014	2015	2016	2017	2018
出口量（亿 m^2）	10.2	10.9	11.5	11.3	11.4	9.93	8.21	6.92
金额（亿美元）	47.6	63.5	78.9	78.1	83.3	55.31	44.26	39.86

1.1.3　销售及投资

2011—2018 年，瓷砖的销售总额一直处于上涨状态，2018 年相比 2011 年上涨 60.45%，增加 2030 亿元。

产业投资方面：从 2012 年开始，以平均 70.5 亿元/年的增长额递增；2015 年相比 2011 年共增长 258 亿元，增幅 46.57%（表 1-3）。

表 1-3　2011—2018 年中国陶瓷砖销售与投资额

年份	2011	2012	2013	2014	2015	2016	2017	2018
销售额（亿元）	3325	3598	3831	4255	4354	4550	5155	5335
投资额（亿元）	554	530	717	795	812	—	—	—

1.1.4　质量

现有陶瓷砖产品的“国抽”以 2008 年 10 月 1 日起实施的《产品质量监督抽查实施规范（陶瓷砖）》（CCGF 310—2010）作为依据。之后又分别采用了《陶瓷砖》（GB/T 4100—2015）、《建筑材料放射性核素限量》（GB 6566—2010）等标准。

据 2011—2015 年数据显示：合格品率虽然在 2014 年出现了 4.45%的下降，但 2015 年又突破了 95%的合格品率，成为目前合格品率最高的年度（表 1-4）。

表 1-4　2011—2018 年我国陶瓷砖“国抽”数据

年份	地区（个）	企业（家）	品种（个）	合格率（%）	不合格品种（个）
2011	14	202	202	86.1	28
2012	17	240	240	89.59	25
2013	17	180	180	93.89	11
2014	17	180	180	89.44	19
2015	16	180	180	95	9
2016	11	120	120	90.83	11
2017	13	144	144	91.67	12
2018	16	213	216	90.74	20

注：所采用的数据均为该年度第四季度的数据作为全年检测结果。

1.2 我国建筑陶瓷产业的 SWOT 分析

1.2.1 优势

1. 人才优势

我国建筑陶瓷产业经过 1995—2019 年的发展，培养和造就了一大批陶瓷科技、生产管理、产品设计、市场营销等方面的人才。而且，素有“陶瓷黄埔”之称的景德镇陶瓷大学和华南理工大学等高校，每年为建筑陶瓷产业培养和输送研究生和本科生数千人，为我国建筑陶瓷产业源源不断地做着后备人才储备工作。

与此同时，中国建筑材料工业规划研究院、中国建筑标准设计研究院、国家日用及建筑陶瓷工程技术研究中心、陕西咸阳陶瓷研究设计院、佛山陶瓷研究所、暨南大学生活方式研究院等建筑陶瓷科研院所，以各种方式和形式指导和参与我国建筑陶瓷产业的发展中，以“外脑”等方式为建筑陶瓷产业发展提供人才支撑。

2. 技术创新优势

技术创新一直是我国建筑陶瓷产业发展的动力之一，品质好、种类丰富、配套齐全的新产品、新颜色、新技术、新设备，带动了产业的发展，也预示着建筑陶瓷产业的发展方向。一方面，企业在技术创新方面，不断加大投入，不断研发新产品，不断更新生产技术装备，在提高产能和劳动效率的同时降低了生产成本和能源消耗，逐步完善的产业链和产业集群的发展，极大地提高了我国建筑陶瓷行业的竞争力。另一方面，地方政府积极作为，大力推动以“政产学研”的方式，构建产学研战略联盟，推动建筑陶瓷产业技术创新。例如，佛山市为促进传统建筑陶瓷产业的转型升级，就曾与全国 50 多所高校和科研院所签订了长期合作协议，开展产学研合作项目。

3. 规模优势

自改革开放以来，我国建筑陶瓷产业持续快速发展，取得了令人瞩目的巨大成就。我国至今仍然是世界建筑陶瓷产业生产、消费及出口最大的国家，也是世界上品种齐全、产量大、消费量巨大、技术装备进步快、产品具有较强国际竞争力的建筑陶瓷大国。我国建筑陶瓷产业经过长期的积累，已经形成了极强的产业化，规模效应不可低估，而且还有很大的潜力可以挖掘。

4. 完善的配套

我国建筑陶瓷产业有相匹配的原料制备机械、压机、装饰机械、窑炉、抛光机等相关陶瓷装备以及色釉料等原材料的相关产业，其共同发展，形成了良性滚动发展模式。以建筑陶瓷生产制造为主，同时整合原材料、装备、物流、会展等上下游产业，形成了有机衔接、相互配套、融合发展的现代建筑陶瓷产业链，形成了强大的产业竞争优势，助力整个产业实现“产业高端化、产品绿色化、生产智能化、工厂现代化”的战略发展目标。

5. 物流优势

建筑陶瓷产品的物流不是简单的产品运输，而是在产品运输的基础上，整合物流条件和资源，构建建筑陶瓷产品生产、仓储、贸易的一体化，以提升建筑陶瓷产业的竞争力。我国各建筑陶瓷产区都围绕建筑陶瓷产业，借助各方面的物流条件，大力发展与建筑陶瓷产业发展相匹配的物流体系，以建筑陶瓷展贸中心和仓储物流中心或物流园区、汽铁海联运、中欧专列等平台、形式、方式，实现建筑陶瓷运输和配送的高效率、低成本，实现建筑陶瓷企业对市场的全覆盖。

1.2.2　劣势

1. 产能过剩

一方面，由于之前行业利润空间大、进入门槛低、产区战略转移等因素，导致建筑陶瓷产区和建筑陶瓷企业数量以及单个建筑陶瓷企业的产能连年攀升，建筑陶瓷产品的产能不断创出新高。另一方面，伴随中国宏观经济步入新常态、房地产增速下降，建筑陶瓷产品的市场需求增速趋缓，“十三五”期间市场需求萎缩与产能过剩的矛盾更加凸显。这种中低档产品严重过剩的现状，必将导致建筑陶瓷企业之间的过度甚至不良竞争；不仅降低了行业利润空间，也不利于建筑陶瓷产业的有序、良性发展。

2. 质量不佳

建筑陶瓷的质量问题主要包括三个方面：一是生产制造过程中出现的质量问题，如有斑点或针孔等外观瑕疵，以及吸水率、抗击强度等功能不达标等；二是包装运输过程中出现碰撞等情况，导致建筑陶瓷表面出现划痕、龟裂等现象；三是建筑陶瓷产品包装标志不规范。

3. 出口下降

一方面，建筑陶瓷行业面临欧美等国家和地区的反倾销，目前有 40 多个国家对我国建筑陶瓷产品出口进行反倾销调查，从发达国家到发展中国家，中国建筑陶瓷出口屡遭反倾销伏击。而且，在多年应对反倾销的征途中，中国建筑陶瓷企业多数以被征收高额反倾销税失败而告终。在此背景下，中国建筑陶瓷出口的价格竞争优势越来越不明显，市场份额愈发萎缩。

另一方面，近几年，我国建筑陶瓷生产技术、制造装备与生产制式大面积地输出，中东、西亚、东南亚、非洲等地区的建筑陶瓷企业生产规模逐渐壮大，相应国家和地区市场对我国建筑陶瓷的需求量必然下降。

4. 绿色环保

建筑陶瓷行业仍属于高能耗、高污染行业，在一些建筑陶瓷企业密集度高的地区，生产过程中消耗大量矿产资源和能源，产生的废气、废水、废渣、粉尘等对环境造成严重污染。另外，不少建筑陶瓷产区对建筑陶瓷生产制造的不可再生的矿产资源过度开采，极大地破坏了生态环境。而且，建筑陶瓷废料的回收再利用还处于发展阶段。这种状况不仅导致矿产资源、能源过度消耗，也阻碍了我国建筑陶瓷行业的可持续发展。

5. 成本上涨

建筑陶瓷产品生产制造成本之所以上涨，主要是因为：一是原材料供应企业，现在需要加大环境保护投入来生产和提供原材料；二是“90后”“00后”人群的总数量本来就少于“60后”“70后”和“80后”，而且“90后”“00后”人群从事生产工人职业的比例也低，故我国产业工人已出现“断代”趋势，“人工红利”已不再是我国建筑陶瓷企业的竞争优势之一，建筑陶瓷产业工人的用工成本在逐年递增。三是政府和社会对建筑陶瓷产业的环境保护要求越来越高，建筑陶瓷企业在生产制造环节，也必须加大环保设备、环保技术等的投入，才能正常开工生产。此外，由于市场竞争等因素的影响，企业的销售成本也在不断增加，这些都在不断削弱我国建筑陶瓷产品的成本优势。

6. 销售渠道

随着“90后”和“00后”成为消费的主力军，导致消费方式和结构的变化，建筑陶瓷行业传统销售模式和渠道也发生了变化。一是传统销售渠道已不再具有明显优势，已无法吸引当下的主流消费群体，“新零售”模式逐渐成为主流模式之一。二是由于受到房地产政策等因素的影响，精装房工程销售逐步成为建筑陶瓷企业另一种主流模式。但是，精装房工程瓷砖产品的售价被房地产企业所“绑架”，建筑陶瓷企业失去以往的定价主动权，导致企业失去一定的竞争优势。而且，房地产企业给予建筑陶瓷企业的回款周期较长，导致建筑陶瓷企业利润空间下降，资金压力加大。

1.2.3　机会

1. 经济增长出现转折点，发展速度从高速增长转变为中高速稳步增长

“十三五”时期是我国经济发展步入“新常态”的重要阶段，在“三期叠加”“三性叠加”和“三转换”的发展逻辑下，经济实现中高速平稳增长，并进入换挡提质增效和创新驱动发展新格局，推动建筑陶瓷行业稳步、健康和绿色发展。

2. “中国制造 2025”国家战略持续推进

在创新驱动、智能转型、强化基础、绿色发展的原则下，政府将顺应“互联网+”的发展趋势，采取财政贴息、加速折旧等措施，促进建筑陶瓷行业工业化和信息化深度融合，开发利用网络化、数字化、智能化等技术，推动产业结构迈向中高端。

3. 传统产业转型升级，生产性服务业将成为我国建筑陶瓷产业由大变强的重要推动力量

我国正处于经济结构转型升级的关键期，建筑陶瓷行业需摆脱增量拓能、以量搏利的发展模式，除了要实现产品创新升级、提质增效外，还要延伸产业链、拓展产业附加值，促进生产性服务业与加工制造业融合发展，使之成为经济增长的主要动力。

4. 建筑业及相关产业迎来新的发展周期

我国正处于“新四化”、城镇化及全面实现小康社会的关键时期，城镇基础设施建设、房地产建设持续推进，带动城镇全社会房屋和基础设施建设保持较大规模，为建筑陶瓷行业的发展提供持续稳定的市场空间。

5. 两化融合、产业融合孕育行业创新发展的新空间

工业化和信息化的深度融合发展，将改变原有产业的生产技术路线、商业模式，从而推动产业间的融合发展。最终使得新技术不断得到应用，新产品和服务被广泛普及，从而加速孕育建筑陶瓷行业创新发展的新空间。

6. “一带一路”建设拓展行业国际化发展的市场空间

“一带一路”国家战略加速推进，将极大促进我国与沿线亚欧非各国经济繁荣与区域经济合作。我国建筑陶瓷行业将在新丝绸之路上不断挖掘新的国际贸易增长点，扩大市场空间，优化贸易结构，实现产业结构的转型升级。

1.2.4 威胁

1. 经济发展与资源环境的矛盾日趋尖锐

资源、能源和环境容量约束以及减少温室气体排放压力的日益加大，国家对节能、环保的要求越来越高，建筑陶瓷产业发展将面临资源、能源和环保成本提高的挑战。

2. 产能过剩危机显著，转变产业发展模式刻不容缓

目前，我国建筑陶瓷产业产能过剩，产业发展必须转变发展方向，转移发展重点，寻找新的增长点，加快转变企业发展方式和调整产品结构刻不容缓。

3. 劳动力成本快速增长与高端人才供给不足的情况更加凸显

我国劳动力供给已经进入结构性短缺的阶段，劳动力成本不断提高。建筑陶瓷行业科学发展中还存在高端人才严重不足、应用型人才匮乏等问题。

4. 企业“走出去”战略面临发达国家先进企业技术、管理和品牌优势的挑战

经过多年的快速发展，我国建筑陶瓷行业的综合实力有了很大提高，但在技术、设计、管理和品牌等方面与先进国家相比仍存在着明显的差距。

综上所述，我国建筑陶瓷产业在发展过程中，既存在优势，也有一定的劣势；既面对不少机会，也面临着不少挑战。为此，在智能制造发展的背景下，建筑陶瓷企业要在依托大数据重构建筑陶瓷产业价值链的过程当中，将供应链、销售端和制造环节相统一，实现数据共享、多点对接，实现按需生产，降低企业的生产运营成本，提高企业的竞争力和抗风险能力，较好地把握市场机会，实现建筑陶瓷企业和建筑陶瓷产业的可持续发展。

1.3 我国建筑陶瓷产业发展特点和趋势

据中国建筑卫生陶瓷协会发布的“2018 年建筑陶瓷与卫生洁具行业发展概况”数据显示：2018 年全国规模以上建筑陶瓷企业 1265 家，137 家企业退出历史舞台。行业实现营收 2993.48 亿元，同比下滑 28.09%；实现利润总额 176.05 亿元，同比下降 33.57%，销售利润率为 5.88%，比去年同期下降 0.52 个百分点。主要产品的产量也有不同程度的下滑，陶瓷砖产量 90.11 亿 m^2，同比下降 11.2%。整个建筑陶瓷行业呈现出以下发展趋势：

1.3.1　大企业+大品牌

在品牌消费背景下，建筑陶瓷行业“大企业”的“大品牌效应”开始凸显。同时，通过建筑陶瓷智能制造的实现，大企业、大品牌可以实现中小批量的定制化、个性化建筑陶瓷产品的生产制造，其市场主导地位与日俱增。而且，房地产行业的市场洗牌，以及工程渠道品牌产品采购策略加速了建筑陶瓷行业洗牌，产业集中度和品牌集中度不断提高，最大的市场份额被大品牌挤占。那些不重视品牌建设投入，不重视技术创新和智能制造，一味靠规模效应、低价竞争而发展的企业，将逐步失去市场份额，逐步被市场淘汰。

1.3.2　主流产品不断变化

通过技术创新和智能制造，在消费升级的大背景下，一定程度解决柔性化生产、定制、销售、运输、铺贴标准与技术规范等问题之后，陶瓷大板、现代仿古砖、大理石瓷砖、浮雕砖和花砖等产品已成为或正成为市场的主流产品。

为践行国家所倡导的绿色建筑节能、发展装配式建筑、建设海绵城市等发展理念和产业政策，以干挂陶板、陶瓷板（含厚板和薄板）、发泡陶瓷、陶瓷透水砖等一批以工业固废、矿山尾矿、江河湖泥、建筑垃圾等为原料生产的绿色节能产品，以及负离子陶瓷砖、夜光陶瓷、地暖陶瓷等一批功能性陶瓷新产品为主的生态建筑陶瓷产业正在日益发展壮大，成为我国建筑陶瓷行业一股新的力量。

1.3.3　渠道继续变革

2018 年，终端零售市场遇冷令很多企业倍感压力。除了市场需求快速下降的客观因素外，精装、整装和套装的快速崛起无疑是加速销售渠道裂变的主要原因，对传统渠道形成了猛烈的冲击。整装风口的到来、精装修房比重提升并逐渐成为主流、互联网家装的兴起、设计师渠道的影响力日益凸显，渠道在加速调整；精装修房、工程渠道比率不断上升。据不完全统计，目前一二线城市整装渠道占比约为 60%，零售下滑 30%以下，设计师等其他渠道占比约为 10%，工程与零售两大传统渠道正面临着新一轮的深度变革。

1.4 我国建筑陶瓷的生产运营现状

1.4.1 建筑陶瓷的生产类型与特征

1. 建筑陶瓷的生产类型

（1）流程型制造

从产品类型和生产工艺组织方式上，制造业从广义上可以分为流程制造行业和离散制造行业。

流程制造（Process Manufacturing）是指除了启停及异常情况外，被加工对象不间断地通过生产设备进行生产，其基本的生产特征是通过一系列的加工装置使原材料进行规定的化学反应或物理变化，最终得到满意的产品。例如，化工、冶金、石油、电力、橡胶、制药、食品、造纸、塑料、陶瓷等行业的企业属流程型企业。

流程制造包括重复生产（Repetitive Manufacturing）和连续生产（Continuous Manufacturing）两种类型。重复生产又称大批量生产，与连续生产有很多相同之处，区别仅在于生产的产品是否可分离。重复生产的产品通常可一个一个分开，它是由离散制造高度标准化为批量生产而形成的一种方式；连续生产的产品是连续不断地经过加工设备，一批产品通常不可分开。

流程制造（Process Manufacturing）的特点：

① 同步、串行生产。由于物料是液态、气态或固态，为了便于加工、输送，生产设备间通过管道等相互衔接，按照串行方式生产，在物理上形成固定的生产路径，设备间同步要求较高，生产的进度常常通过一个或几个主变量控制。

② 控制量相互耦合。产品生产主要通过化学变化实现，主要控制量为温度、压力、流速等变量，由于其反应机理通常较复杂，物料成分不同，生产时控制参数往往不同，而且控制量间常相互耦合；因此，对流程各变量的控制是至关重要的，将决定产品的质量、成品率及成本等关键指标。

③ 工艺流程相对固定。流程工业各行业的产品类型比较固定，生产切换较少，调度主要根据生产计划进行排产。流程型工业中工序先后次序严格，工艺流程相对固定。

④ 生产负荷要求严格。因为流程工业固定成本很高，对设备的生产负

荷要求严格，满负荷生产是许多企业生产目标之一。

⑤ 在制品存储条件要求严格。在流程工业中，在制品对储存条件有很严格的要求，如压强、温度的要求、存储时间的限制等。

⑥ 故障停车损失大。由于流程工业生产过程连续、流程长、设备多，故障的发生是以连锁的形式出现的，即一个故障将产生一连串的相关故障。由于启动和停机的时间较长、控制复杂、生产流程以串行方式相互衔接、柔性弱、设备清洗耗费大等因素，使得流程工业生产切换或设备故障造成中断的代价较大。

(2) 建筑陶瓷的生产工艺流程。典型的建筑陶瓷生产工艺流程如图 1-1 所示。

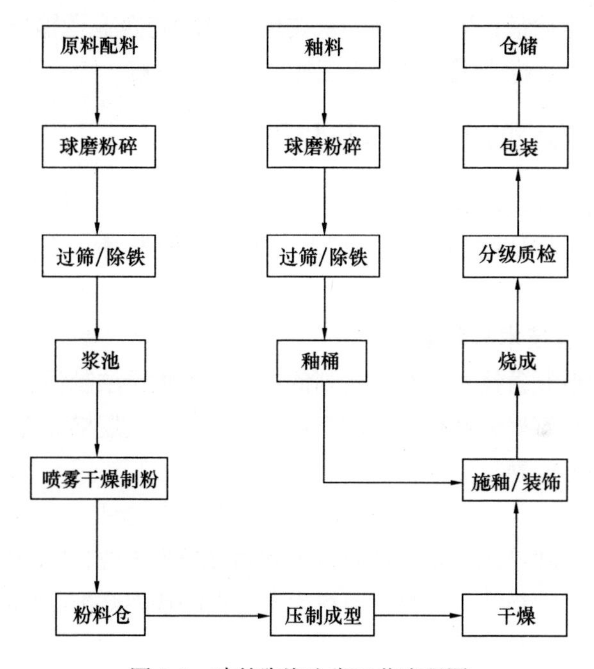

图 1-1　建筑陶瓷生产工艺流程图

从图 1-1 中可以看出：建筑陶瓷生产过程属于较典型的流程式生产，具备了流程型制造的特点。

2. 建筑陶瓷的生产特征

作为流程式的建筑陶瓷生产呈现出以下特征：

(1) 建筑陶瓷的生产是一种流程式的生产过程，连续性较高。陶瓷原料由工厂的一端投入生产，顺序经过连续加工，最后成为成品，整个工艺过程较复杂，工序之间连续化程度较高。

(2) 建筑陶瓷生产过程的机械化、自动化程度较高。与日用陶瓷、陈设瓷相比，建筑陶瓷在技术装备方面的发展较快，机械化和自动化程度逐步提高，但与智能制造的标准相比，仍显偏低。

(3) 生产过程中原辅料和燃料等消耗量大。作为传统的三高产业之一，建筑陶瓷生产过程中的能耗和排放较大。因此，智能制造背景下，如何提高原辅料和燃料的利用率，降低废弃物的排放量，也是建筑陶瓷行业需要解决的重大问题之一。

(4) 物流（厂内运输）是建筑陶瓷企业生产过程的重要环节。生产过程中原辅料、成品及产生的余料、废料等的厂内运输量较大，这就要求建筑陶瓷企业一方面在厂址选择、空间布置、厂内运输线路的安排等方面力求合理，尽量减少运输量；另一方面力求实现建筑陶瓷企业运输操作的机械化、自动化，减少人工操作量、减轻人工操作的劳动强度。

1.4.2 建筑陶瓷的生产技术与装备

目前，我国建筑陶瓷生产企业的生产主要采用自动化技术与装备进行陶瓷生产，本部分将从原料制备、成型、干燥、施釉装饰、烧成、深加工、检选包装及仓储等环节进行介绍。

1. 原料制备技术与装备

目前，原料制备技术已有湿法制备制粉工艺和干法制备制粉工艺。先进装备有连续式球磨机和连续生产球磨系统；高效、大规格喷雾干燥器等原料处理设备已十分成熟，立磨机、干法造粒机等干法制粉技术的主要设备已逐步完善及应用。

目前，已有建筑陶瓷企业在原料车间通过激光定位，实现机器与机器之间的精确运料、喂料等。但是对原料生产过程的状态监控、数据采集仍不够完备。

2. 成型技术与装备

目前，我国建筑陶瓷产品大多采用全自动液压压砖机进行干压成型。现国内外公司均能提供大板压机，推动大板逐步流行。现有的成型设备已具有对成型生产工艺参数等进行实时监测，并将采集信号传输至控制终端，进行综合检验、评价、分析及决策。

3. 施釉、装饰技术与装备

目前，建筑陶瓷企业已采用组合施釉和喷墨打印技术对坯体进行施釉、装饰。但是对施釉和装饰过程釉、墨水的黏度、浓度，以及砖坯表面（如温度、吸收率等）等未进行实时监测，也无法将采集信号传输至控制终端，进行综合检验、评价、分析及决策。

4. 干燥、烧成技术与装备

“干燥”和“烧成”是建筑陶瓷生产的两个环节，干燥和烧成的辊道窑结构有差异，但是对窑内温度控制等存在共性问题，以烧成辊道窑进行讨论。

目前，已有建筑陶瓷企业实现其窑炉内温度、气压、气氛等生产参数和助燃空气、燃料等阀门和风机等控制量，进行远程或手机终端调试，可对生产进行实时监测，并将采集信号传输至控制终端，并实现远程计算机控制。某公司发明一套窑炉数据诊断系统，可诊断窑炉大部分的故障，并通过大数据系统构建窑炉诊断模型。

5. 深加工技术与装备

建筑陶瓷深加工过程包括磨边、刮平、抛光、切割等环节，目前已有“智能磨边生产线”和“智能抛光生产线”，采用智能自动磨抛补偿系统和新式推砖系统，可大大提高对角线的精度和抛光质量，减少人为的操作误差。这些设备均能监测磨抛电机的当前位置和启停状况，自动控制磨抛电机进退，且能合理、自动分配所有磨抛电机的位置对墙地砖进行磨抛。

6. 检选包装技术与装备

瓷砖检选包装线已将图像智能识别技术引入陶瓷检选、分选包装领域，对产品的尺寸、规格和图案，甚至颜色进行检选、分选和包装。瓷砖检选包装线可由检选机、分选机、下砖机、上砖机、包装机和堆垛机等自动化装备构成。根据不同的功能与规格需求，灵活组合这些单机设备就可组合成各种功能的智能检选包装线，以满足客户的多元化需求。目前，已有公司提供数字化包装线。

7. 仓储技术与装备

仓储系统基本上可以实现从自动包装、进仓、出仓机械化、少人化，甚至无人化，包括自动导引车（AGV）、自动输送带和立体仓库等装备。

在整个仓储过程，对包装好的产品、AGV及立体仓储等进行实时监测、监控图像，可将产品输送到仓库中规定的位置。

1.4.3　建筑陶瓷的销售与市场服务

建筑陶瓷产业经历数十年的发展，从最早的自产自销发展至今，建筑陶瓷企业销售与市场服务已经进入了一个全面时代。在建筑陶瓷智能制造实现的过程中，面对房地产商等大客户的大额直销等销售服务模式，以大批量生产制造为建筑陶瓷智能工厂的智能设计、智能生产、智能管理等提供了运行经验等的保障；而面对终端个人消费者的新零售，与建筑陶瓷智能制造的小批量、个性化定制相衔接，精准地把握不同人群的差异以及需求层次，提供个性化的销售服务和体验，打造线上线下智能互联模式，建筑陶瓷的销售与市场服务已呈现出逐步与建筑陶瓷的智能制造相对接的趋势。

1. 定点经销商

大部分建筑陶瓷企业都实行定点经销商模式，这种方式能使企业减少销售渠道建设的投入，同时因为经销商熟悉当地市场环境，能够在比较短的时间内打开市场。

2. 企业自建终端

建筑陶瓷企业为了高效地控制终端市场，树立自己的品牌形象，维护和扩大产品的市场占有率，维护公司的价格体系，仍有不少建筑陶瓷企业自建专卖店或分公司，直接控制销售终端。

3. 大展厅

实施“大展厅销售”，一是显示企业实力，树立企业形象；二是营造“体验式销售”环境。把时尚家居文化和陶瓷产品展示融合在一起，根据不同的消费层次，把客厅、餐厅、卧室、厨房、卫生间做成样板房，经销商和消费者看到的不仅仅是单纯的产品，还是整体的空间效果。

4. 设计师营销

现在社会越来越多的人追求个性化、差异化的装饰设计，这样通过设计师设计、推荐、选择产品，成为建筑陶瓷产品销售的一个重要环节。通过设计师营销，塑造建筑陶瓷企业及其产品的理念和文化，并运用前卫、时尚的观念和文化来引导消费者，主动开拓市场。

5. 电子商务

电子商务利用其无限靠近市场端的优势，充分把握客户需求，反向获取和匹配上游产业链资源，降低中间成本和渠道费用，从而帮助制造链上的建筑陶瓷企业快速觅得市场出口。作为曾经的“蓝海”，从事建筑陶瓷电子商务凭借“低成本、高利润”获得市场，不少建筑陶瓷企业通过自建平台或知名第三方电商平台开展线上销售。但随着门槛降低，价格的透明，线上的价格战比线下更激烈。

6. 新零售

建筑陶瓷的电子商务已从之前的网上推广、网店层面逐步发展至 O2O 等新销售模式。2017 年，某知名陶瓷公司的 O2O 新零售门店从瓷砖空间定制的角度入手，引进 VRHome、3D 云技术、CRM、大数据等一些工具，实现瓷砖空间虚拟场景，消费者可以提前体验装修完成后的效果。消费者只需用手机扫二维码，就能马上获知产品信息、价格及效果图，获得 VR 体验感，如同真实的家。而且是免费设计、免费出图、大量效果图可看、可 DIY、几分钟出 3D 图等，所想即所见、所见即所得。不仅如此，不少建筑陶瓷企业还开始运用各种“直播”平台、小视频平台、自媒体等，将“销售触角”延伸至潜在客户的“网络生活空间”，为客户提供精准营销服务。

7. 大额直销

大额直销是通过上下游企业强强联合，没有传统营销过多过长的环节，顺应个性化销售，减少库存，与客户建立长期战略合作关系。在建筑陶瓷行业，与大房地产商建立大额直销关系，特别是大品牌直接对接、团体采购、大量批发，全面减少销售、采购成本。

1.5　我国建筑陶瓷生产制造中存在的问题

基于智能制造的背景和视角，建筑陶瓷企业在产品生产与制造、生产技术与装备、销售与市场服务等主要方面存在以下问题：

1.5.1　建筑陶瓷产品生产与制造方面

目前，建筑陶瓷产品的生产与制造，还存在产品品类结构、产品标准体系等方面的问题。

1. 建筑陶瓷产品的结构性矛盾突出

目前，我国建筑陶瓷产品的花色、品种和规格尺寸较多，高、中、低档产品齐全，选择余地大且价格适宜；但是，中、低档产品占比偏高，且相似度较高，结构性矛盾和调整压力仍然存在。在消费升级、个性化定制的背景下，建筑陶瓷现有的批量化生产方式，已显得不适应市场需求。我国正处于经济结构转型升级的关键期，建筑陶瓷行业要摆脱增量拓能、以量搏利的发展模式，除了要实现产品创新升级、提质增效外，还要改变现有的大批量生产方式，还要延伸产业链、拓展产业附加值，促进生产性服务业与加工制造业融合发展，使之成为经济增长的主要动力。

2. 标准体系建设不全

近年来，国家层面为推进智能制造的实现，出台了《国家智能制造标准体系建设指南（2018年版）》，其中涉及300项已发布、制定中的智能制造基础共性标准和关键技术标准，但具体的智能制造设备标准暂未涉及。

同样地，我国建筑陶瓷行业为促进优化产业结构、增强技术水平，保障消费者权益，提升行业整体产品质量，推动行业走向国际市场，先后发布了一系列建筑陶瓷相关的国家标准和行业标准。虽然这些标准在引导建筑陶瓷企业提升产品质量的过程中发挥着重要的支撑作用，但截至目前暂没有类似《国家智能制造标准体系建设指南（2018年版）》的建筑陶瓷行业智能制造标准，也没有涉及建筑陶瓷智能制造装备的相关标准。为此，为适应建筑陶瓷智能制造的发展，建筑陶瓷行业在智能制造标准体系及智能装备技术标准等方面需要不断提升和改善。

3. 信息化管理水平弱，导致制造费用间接上升

在管理的方式方法和工具上，建筑陶瓷企业相当一部分仍然靠经验管理，很少利用现代管理方法和工具，如ERP、目标管理法、ABC分析法、流动计划、JIT生产体系、零库存等以及对应的管理软件、系统和配套的硬件装备。在信息处理方面，常常不能实时更新，导致信息时常失真，企业系统反应缓慢，无法及时做出准确的决策。在生产线的衔接上，从原料开发与采购、配方、加工、烧制、装饰、出库，没有形成有机的分工与协作体系，严重影响了建筑陶瓷企业技术、管理、产品质量和效率的提高，导致产品的制造成本在无形中上升。

1.5.2 建筑陶瓷生产技术与装备方面

目前，建筑陶瓷生产技术与装备还存在生产数据格式统一、数据采集以及全流程生产数学模型三方面的问题。

1. 生产过程中各生产数据标准不统一

目前，建筑陶瓷企业内普遍存在由于各种数据格式、数据标准不统一而带来的数据入库难、更新难、质量控制难等一系列问题，导致无法对各种数据进行编辑、处理、分析，导致建筑陶瓷产品生产的成本增加和效率下降。

2. 生产过程中生产数据实时采集困难、数据更新慢、信息化低

由于建筑陶瓷产品原料组成复杂、工艺参数多，涉及各生产现场的生产数据包括物料参数、设备参数，以及产品产量、质量、能耗等，常常采用人工采集、手工输入等方式采集数据，导致数据更新慢、准确率低，无法实现信息化，制约了产能和质量的进一步提高。

3. 无建筑陶瓷的生产数学模型，无法进行全局的工艺优化

由于建筑陶瓷生产原料成分多、无标准化，实时采集生产数据困难且各生产环节中的数据格式不统一，导致无法构建出建筑陶瓷整个生产环节的数学模型，也没有生产过程的智能分析系统，从而无法进行建筑陶瓷生产的全局工艺的优化。

1.5.3　建筑陶瓷销售与市场服务方面

在新零售、新营销、新销售的背景下，建筑陶瓷企业为实现智能制造，借助线上线下技术和模式突破销售瓶颈的问题，也还没有实质性地解决。存在的主要问题如下：

1. 销售端需求数据与库存数据的衔接不畅

目前，除了新零售以外，定点经销商、企业自建终端、大展厅销售、设计师营销、电子商务、大额直销等销售服务模式下，建筑陶瓷生产、销售及服务，不少还是按照以往的方式方法来确定生产计划、库存计划和销售计划，往往造成生产、库存与市场需求之间的不对称，无法实现数据的实时协同和流动，也就无法实时分析库存时长、短期库存、长期库存、出入库情况，影响了建筑陶瓷销售与市场服务的效率和水准，导致建筑陶瓷工厂总体生产运行效率的低下和库存量的不断攀升。

2. 销售端需求数据与生产端生产数据的衔接不畅

由于消费升级和消费方式的改变，建筑陶瓷企业若还以传统市场调研方式获取消费数据，将无法针对用户与建筑陶瓷企业之间的交互和交易行为，挖掘和分析用户的动态数据，让用户参与建筑陶瓷产品的需求分析和产品设计等环节，实现建筑陶瓷产品的迭代。而且，在传统方式下，建筑陶瓷企业也不会将处理的数据及时传递给生产环节，对原材料、设计、生产等进行调整和优化，以生产出符合个性化需求的建筑陶瓷产品。这些均会导致企业的生产与市场需求不对称、不衔接，无法满足市场发展和建筑陶瓷智能制造发展的需要。

通过对我国建筑陶瓷的产量、出口、消费、技术与产品等基本情况进行归纳后，借助“2015年建筑陶瓷、卫生洁具行业运行形势及‘十三五’发展建议”的研究成果，对我国建筑陶瓷产业进行SWOT分析，并就建筑陶瓷产业的生产与制造、技术与装备、销售与市场等方面的现状，剖析了我国建筑陶瓷产业目前存在的一些问题。

第 2 章

绿色制造与智能制造

将传统制造技术与信息等技术结合，形成先进的制造技术，已成为许多国家的发展战略之一，其目的是创造就业机会、促进经济增长、提升企业的竞争力。

美国学者于 20 世纪 80 年代末首次提出了“先进制造” (Advanced Manufacturing) 的概念。所谓的先进制造系统，就是基于先进制造技术，能够在时间 (T)、质量 (Q)、成本 (C)、服务 (S)、环境 (E) 方面满足市场需求，获取系统投入的最大增值，同时具有良好社会效益的制造系统。先进制造系统并没有一个固定的模式，不同的社会生产力水平，不同的市场需求和社会需求，不同的企业状况，使得先进制造系统的目标与实现技术不尽相同。而先进制造技术就是传统制造业不断吸收机械、电子、信息、材料、能源及现代管理等领域的先进成果，并将其综合应用于制造全过程，以实现优质、高效、低耗、清洁、灵活的生产，从而取得较理想的技术与经济效果的制造技术的总称。

人们对先进制造技术的发展方向进行着不断的讨论，认为先进制造技术将向全球化、信息化、智能化、绿色化并与多学科融合的方向发展。纵观先进制造技术的演进趋势，“绿色制造”和“智能制造”已成为主要发展方向。

2.1 绿色制造技术

现代机械化的大生产，为人类提供了前所未有的物质财富。自工业革命以来，不仅人类的生产能力急剧增长，而且资源也随之急剧消耗。然而，自然生态系统的资源和环境容量是有限的，其稳定性机制与人类社会经济的无限增长型机制的矛盾必然日益尖锐。人类在付出惨痛代价之后，才开始思索，选择了可持续发展的经济模式。

绿色制造是通过革新传统制造技术和生产方式，实现资源能源的高效清洁利用和环境影响的最小化，覆盖产品的“设计—制造—使用—回收再利用”的整个生命周期。

绿色制造技术研究主要在资源的绿色转化、新资源和能源替代、过程强化与系统集成，以及绿色产品工程四个层面展开。针对建筑陶瓷行业的高能耗、高消耗的生产过程与模式，大幅度提高资源利用率、降低能耗、削减废弃物排放的绿色过程工程技术将得到快速发展，产品绿色设计和全生命周期评价体系将得到广泛应用。

2.1.1　绿色制造的内涵

自 1996 年美国制造工程师协会（SEM）发表了绿色制造（Green Manufacturing）的专门蓝皮书以来，绿色制造的研究在世界各地兴起。国内不少高校和科研机构对绿色制造的理论体系、专题技术等都进行了大量的研究。

绿色制造是以资源环境为导向，运用物质转化的原子经济性概念和自然生态的物种共生、物质再生循环与生态整合原理，结合系统工程和最优化方法设计的物质高效分层多级利用、充分发挥资源潜力，实现源头减废的大工艺系统。它包含了从微观尺度上资源高效清洁转化的原子经济性反应与分离过程的绿色设计与过程强化、过程耦合与调控，物质流程—能量流程—信息流程的优化集成与环境导向的多目标优化，到生态产业群大系统水平上的系统集成，以实现总体最优化，为制造业可持续发展提供支撑。

绿色制造在流程制造业的科学内涵和方法如图 2-1 所示。

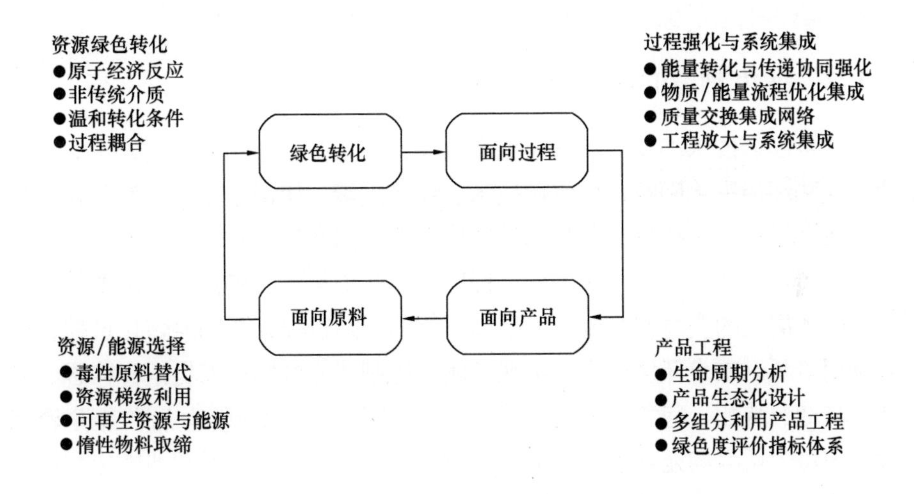

图 2-1　绿色制造在流程制造业的科学内涵和方法

绿色制造涉及的问题领域：①制造问题，包括产品全生命周期全过程；②环境保护问题；③资源优化利用问题。绿色制造就是这三个问题的交叉，如图 2-2 所示。

绿色制造模式大致可分为以下 4 个层次：

第一层次（底层）为环境无害制造，其内涵是该制造过程不对环境产生危害，但也无助于改善现有环境状况；或者说它是中性的。

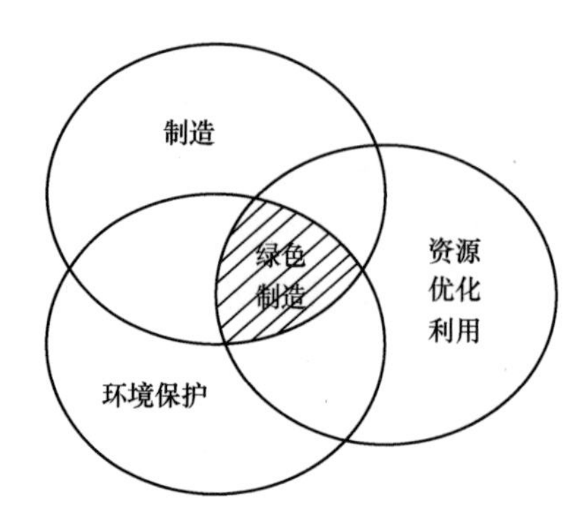

图 2-2　绿色制造的问题领域交叉状况

第二层次包括清洁生产、清洁技术和绿色生产等。其内涵是这些制造模式不仅不对环境产生危害，还应有利于改善现有环境状况。但是其绿色性主要指具体的制造过程或生产过程是绿色的，而不包括产品生命周期中的其他过程，如设计、产品使用和回收处理等。

第三层次包括绿色制造、清洁制造、环境意识制造等。其内涵是指产品生命周期的全过程（即不仅包括具体的制造过程或生产过程，还包括产品设计、售后服务及产品寿命终结后处理等）均具有绿色性。

第四层次包括生态意识制造和生态尽责制造等。其内涵不仅包括产品生命周期的全过程具有绿色性，而且包括产品及其制造系统的存在及其发展均应与环境和生态系统协调，形成生产制造的可持续发展系统。

2.1.2　绿色制造的体系及关键技术

绿色制造技术涉及产品整个生命周期，甚至多生命周期，主要考虑其资源消耗和环境影响问题，并兼顾技术、经济因素，使得企业经济效益和社会效益协调优化，其技术范围和体系结构框架如图 2-3 所示。

绿色制造包括两个层次的全过程控制、三项具体内容和两个实现目标。

两个层次的全过程控制，一是指具体的制造过程，即物料转化过程，充分利用资源，减少环境污染，实现具体绿色制造的过程；二是指在构思、设计、制造、装配、包装、运输、销售、售后服务及产品报废后回收整个产品周期中每个环节均充分考虑资源和环境问题，以实现最大限度地优化利用资源和减少环境污染的广义绿色制造过程。

三项内容是用制造系统工程的观点，综合分析产品生命周期，即从产品材料的生产至产品报废回收处理的全过程各个环节的环境及资源问题所涉及的主要内容。三项内容包括绿色资源、绿色生产和绿色产品。绿色资源主要是指绿色原材料和绿色能源。绿色原材料主要是指来源丰富（不影响可持续发展）、便于充分利用、便于废弃物和产品报废后回收利用的原材料。绿色能源，应尽可能使用储存丰富，可再生的能源，并应尽可能不产生环境污染问题。绿色生产过程中，对一般工艺流程和废弃物，可以采用的措施有开发

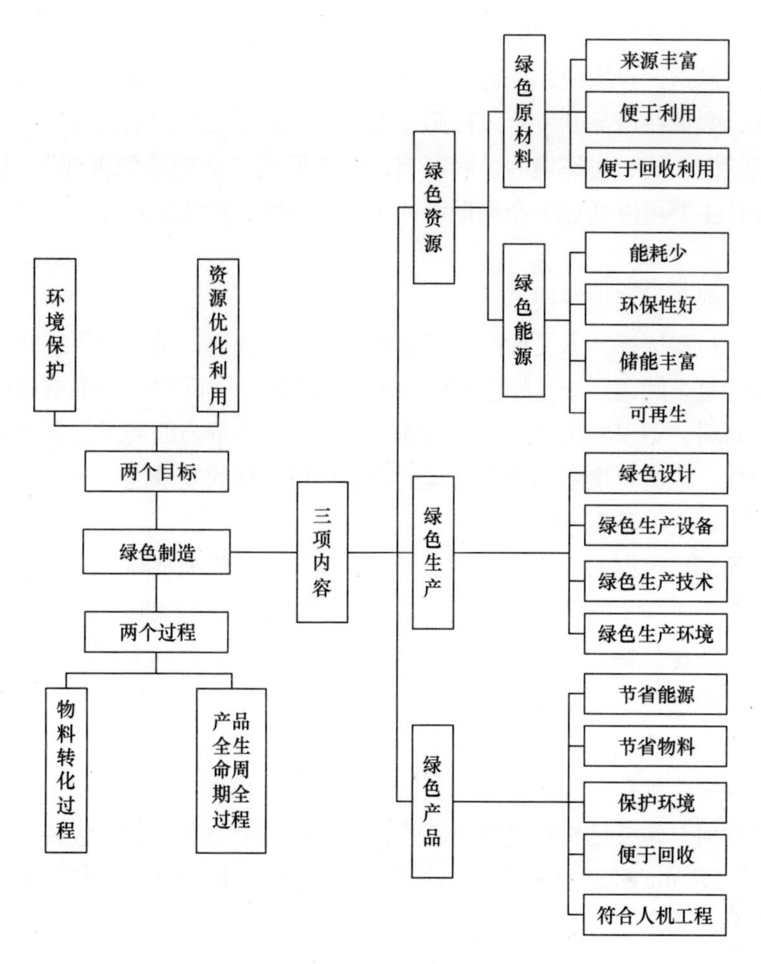

图 2-3　绿色制造的体系结构框架

使用节能资源和环境友好的生产设备；放弃使用有机溶剂，采用机械技术清理金属表面，利用水基材料代替有毒的有机溶剂为基体的材料；减少制造过程中排放的污水等。开发制造工艺时，其组织结构、工艺流程以及设备都必须适应企业的“面向环境安全型”组织化，已达到大大减少废弃物的目的。绿色产品主要是指资源消耗少，生产和使用中对环境污染小，并且便于回收利用的产品。

绿色制造的关键技术如下：

（1）绿色设计技术

绿色设计又称面向环境的设计（Design for Environment）。绿色设计的基本思想就是要在设计阶段就将环境因素和预防污染的措施纳入产品设计之中，将环境性能作为产品的设计目标和出发点，力求使产品对环境的影响达到最小。从这一点来说，绿色设计是从可持续发展的高度审视产品的整个生命周期，强调在产品开发阶段按照全生命周期的观点进行系统性的分析与评价，消除潜在的、对环境的负面影响，力求形成“从摇篮到再现”的过程。绿色设计主要可以通过生命周期设计、并行设计、模块化设计等几种方法来实现。

（2）绿色材料选择技术

绿色材料选择技术又称面向环境的产品材料选择，是一个系统性和综合性很强的复杂问题。一是绿色材料尚无明确界限，实际中选用很难处理。二是选用材料，不仅要考虑产品的功能、质量、成本等方面要求，还必须考虑其绿色性，这些更增添了面向环境的产品材料选择的复杂性。

（3）绿色工艺规划技术

产品制造过程的工艺方案不一样，物料和能源的消耗将不一样，对环境的影响也不一样。绿色工艺规划就是要根据制造系统的实际，尽量研究和采用物料和能源消耗少、废弃物少、对环境污染小的工艺方案和工艺路线。

（4）绿色包装技术

绿色包装技术的主要内容是面向环境的产品包装方案设计，就是从环境保护的角度，优化产品包装方案，使得资源消耗和废弃物产生最小，可以分为包装材料、包装结构和包装废弃物回收处理三个方面。要求包装应做到的“3R1D”（Reduce 减量化、Reuse 回收重用、Recycle 循环再生和 Degradable 可降解）原则。

（5）绿色处理技术

面向环境的产品回收处理问题是个系统工程问题，从产品设计开始就要充分考虑这个问题，并做系统分类处理。产品寿命终结后，可以有多种不同的处理方案，如再使用、再利用、废弃等，各种方案的处理成本和回收价值都不一样，需要对各种方案进行分析与评估，确定出最佳的回收处理方案，从而以最少的成本代价，获得最高的回收价值，即进行绿色产品回收处理方案设计。评价产品回收处理方案设计主要考察三个方面：效益最大化、重新利用的材料尽可能多、废弃部分尽可能少。

2.1.3　国内外绿色制造的现状

1. 国外绿色制造的现状

在美国、日本、欧洲等工业发达国家，无论是政府、高校、科研机构，还是有远见的大型企业都非常重视绿色制造的技术研究、立法和宣传，将其列入制造业或本企业的发展战略目标。例如，英国 LINK 计划所设立 STI 和 WMR3 计划。1999 年，来自麻省理工学院等美国知名高校的 11 位绿色制造专家对日本、欧洲和美国共 55 家企业和科研机构进行了调研和分析，并在 2001 年发表了有关这 3 个地区的绿色制造政策，技术方面的动因、实施和效果以及竞争优势方面的最终研究报告。日本的“绿色行业计划”、加拿大的“绿色计划”。目前工业发达国家和国际组织纷纷制定和出台了很多与绿色制造相关的立法、标准等，如 ISO 14001 环境管理标准体系，欧盟的 ROHS 和 WEEE 指令以及德国“蓝色天使”、美国“能源之星”等产品环境认证标志。截至 2004 年年底，已有 127 个国家 90569 家企业获得 ISO 14001 环境管理认证，从而也促进了这些国家“绿色产品”的发展。

国外许多高校也纷纷成立以绿色制造技术为研究方向的研究机构，如英国可持续设计中心 CSFD，德国柏林工业大学 IWF，美国伯克利加州大学绿色设计与制造联盟 CGDM 等。

2. 国内绿色制造的现状

我国自 20 世纪 90 年代中期以来，对绿色制造技术研究给予了一定的重视和支持。国家 863 计划、国家自然科学基金等资助开展了有关绿色制造方面的一些研究课题，如自 1996 年以来，国内部分高校对绿色制造领域的相关理论和技术进行了跟踪创新研究，如合肥工业大学在绿色设计理论与方法等方面开展了研究。清华大学、上海交通大学等在机电产品绿色设计、汽车回收再制造技术以及电子电气产品绿色制造技术等方面进行了研究并取得了一定进展。

国内的一些企业也开始注重绿色制造技术方面的研究，如美菱公司与合肥工业大学在家电产品绿色设计方法及废旧塑料的回收再利用方面进行了卓有成效的合作。上海华东拆车有限公司与上海交通大学合作开展汽车回收技术的研究，参与了多项国家与地方项目的研究与产业化示范，并在上海建立了废旧汽车回收拆解示范工程等等。

我国绿色制造技术研究内容体系正在逐渐形成和不断完善，其发展趋势主要表现如下：

（1）绿色制造与标准化

2016 年 1 月 14 日，工业和信息化部节能与综合利用司在北京组织召开节能与综合利用标准化工作座谈会，节能与综合利用司司长高云虎出席会议并讲话。国家标准化管理委员会工业标准一部、部科技司、相关标准化机构和行业协会以及标准化技术支撑机构参加会议。

高云虎在讲话中强调了标准化是践行绿色发展理念，落实绿色制造战略的重要手段，指出要围绕“中国制造 2025”全面推行绿色制造的战略部署，加快构建绿色制造标准体系，统筹标准化资源，充分发挥标准对产业的指导、规范和引领作用，促进传统行业绿色改造升级，推动工业绿色发展。高云虎充分肯定了相关机构在支撑工业节能与综合利用标准化工作中发挥的积极作用，并对下一步工作提出三点要求：一是抓紧出台绿色制造标准体系，加强顶层设计，界定绿色制造标准的内涵和外延，把握绿色制造标准中国家、行业和团体标准等的区别定位和分级管理，突出行业特点，推进重点绿色标准制定；二是强化标准实施，通过开展标准培训、评价和监督，加强标准实施中的指导，发挥企业在标准实施中的主体作用，建设标准化信息服务平台，全面提升标准化服务能力；三是加强与相关国际标准化组织的交流与合作，制定了《绿色制造标准体系建设指南》，推动绿色制造标准走出去。

(2) 工业绿色发展

绿色发展是“中国制造 2025”的重要组成部分，同时也是提高我国经济硬实力的强大杠杆。

绿色发展源于环境保护领域，是培育新的经济增长点、保护生态环境活动的总和，是资源承载能力和环境容量约束下的可持续发展。广义的工业绿色发展包括存量经济的绿色化改造和发展绿色经济两个方面，覆盖了国民经济的空间布局、生产方式、产业结构和消费模式，也是“转变发展方式、调整产业结构”的重要方面。发展绿色经济、推动经济绿色转型应制定相应的战略目标和框架，要从工业、农业和服务业三大产业全面推动，调整产业结构，加速经济向劳动力密集型和技术密集型转变。狭义的工业绿色发展包括绿色生产制造过程、产品绿色化、节能减排、清洁生产、企业绿色化等。

绿色发展、循环发展、低碳发展是相辅相成的，相互促进的，可构成一个有机整体。绿色化是发展的新要求和转型主线，循环是提高资源效率的途径，低碳是能源战略调整的目标。从内涵看，绿色发展更宽泛，涵盖循环发展和低碳发展的核心内容，循环发展、低碳发展则是绿色发展的重要路径和形式，因此，可以用绿色化来统一表述。

(3)“十三五”绿色制造工程

根据“中国制造 2025”相关部署，工信部会同有关部门组织编制了“绿色制造工程实施方案”，计划从 2016 年到 2020 年，顺应国际发展的新趋势、新要求，全面推行绿色制造，力争率先实现“中国制造 2025”绿色发展方面的目标。绿色制造工程的总体思路是全面落实制造强国战略、强化绿色发展，紧紧围绕以制造业资源能源效率和清洁生产水平提升为中心，以制造业绿色改造升级为重点，以绿色科技创新为支撑，以法律标准、绿色监管制度为保证，夯实绿色制造基础，加快构建绿色制造体系，推动绿色产品、绿色园区和绿色供应链发展，实现制造业高效、节能、低碳、循环发展，促进工业文明和生态文明和谐共融。

在全面推进绿色化发展的“十三五”时期，可能存在许多属于市场调节失灵的领域。对此，我国将采取政府政策引导和绿色投融资机制相结合的方式，充分发挥和放大杠杆和政策导向作用，积极推进六大任务：

一是实施传统制造业绿色化转型，聚焦重点区域、流域和重点行业，实施清洁化改造，能源、水资源高效改造和基础工业绿色化改造。

二是推进资源循环利用绿色发展，重点推动工业固体废弃物的规模化、高值化利用，培育再生资源骨干企业和集聚区，探索产业区域间协调发展的新模式。

三是打造一批特色制造企业和基地。

四是构建绿色制造体系，落实全面推行绿色制造的战略部署，强化顶层设计，以企业为主体，以绿色标准为支撑，开发绿色产品，创建绿色工厂，建设绿色工业园区，打造绿色供应链，加强试点示范。

五是建造绿色制造服务平台，探索行业管理新模式，加快建设绿色制造相关的标准体系，快速提升绿色制造基础能力。

六是建筑陶瓷行业应大力发展绿色建材。“绿色建材”是从“绿色材料”和“生态环境材料”的定义演变而来的。绿色材料是在原料采集、产品制造、使用或者再循环以及废料处理等环节中对地球环境负荷最小和有利于人类健康的材料。如生产发泡陶瓷、透水砖等产品有利于消耗生产过程中的固废料。

2.2　智能制造技术

2.2.1　智能制造的内涵

智能制造的研究大致经历了三个阶段：起始于 20 世纪 80 年代人工智能在制造领域中的应用，智能制造概念正式提出；发展于 20 世纪 90 年代智能制造技术、智能制造系统的提出；成熟于21世纪新一代信息技术条件下的“智能制造（Smart Manufacturing）”。

20世纪80年代——概念的提出：1998年，美国赖特（Paul Kenneth Wright）、伯恩（David Alan Bourne）正式出版了智能制造研究领域的首本专著——《制造智能》（Smart Manufacturing），就智能制造的内涵与前景进行了系统描述，将智能制造定义为“通过集成知识工程、制造软件系统、机器人视觉和机器人控制来对制造技工的技能与专家知识进行建模，以使智能机器人在没有人工干预的情况下进行小批量生产”。在此基础上，英国技术大学Williams教授对上述定义作了更广泛的补充，他认为“集成范围还应包括贯穿制造组织内部的智能决策支持系统”。麦格劳-希尔科技词典将智能制造界定为，采用自适应环境和工艺要求的生产技术，最大限度地减少监督和操作，制造物品的活动。

20世纪90年代——概念的发展：20世纪90年代，在智能制造概念提出不久后，智能制造的研究获得欧、美、日等工业化发达国家的普遍重视，围绕智能制造技术（IMT）与智能制造系统（IMS）开展国际合作研究。1991年，日、美、欧共同发起实施的“智能制造国际合作研究计划”中提出：“智能制造系统是一种在整个制造过程中贯穿智能活动，并将这种智能活动与智能机器有机融合，将整个制造过程从订货、产品设计、生产到市场销售等各个环节以柔性方式集成起来的能发挥最大生产力的先进生产系统”。

21世纪以来——概念的深化：自21世纪以来，随着物联网、大数据、云计算等新一代信息技术的快速发展及应用，智能制造被赋予了新的内涵，即新一代信息技术条件下的智能制造（Smart Manufacturing）。2010年9月，美国在华盛顿举办的“21世纪智能制造的研讨会”指出，智能制造是对先进智能系统的强化应用，使得新产品的迅速制造，产品需求的动态响应以及对工业生产和供应链网络的实时优化成为可能。德国正式推出工业4.0战略，虽没明确提出智能制造概念，但包含了智能制造的内涵，即将企业的机器、存储系统和生产设施融入虚拟网络-实体物理系统（CPS）。在制造系统中，这些虚拟网络-实体物理系统包括智能机器、存储系统和生产设施，能够相互独立地自动交换信息、触发动作和控制。

综上所述，智能制造是将物联网、大数据、云计算等新一代信息技术与先进自动化技术、传感技术、控制技术、数字制造技术相结合，实现工厂和企业内部、企业之间和产品全生命周期的实时管理和优化的新型制造系统。

2.2.2 美国的智能制造计划

1. 概述

美国是智能制造思想的发源地之一，美国政府高度重视智能制造，将其视为21世纪占领世界制造技术领先地位的制高点。早在2006年就提出了Cyber Physical System（CPS），也就是"网络-实体系统"（又译为"虚拟-实体系统"或"信息-物理系统"或"智能技术系统"等）的概念，并将此项技术体系作为新一代技术革命的突破点。

美国"智能制造领导力联盟"（Smart Manufacturing Leadership Coalition，SMLC）是一个致力于构建一个开放共享的智能制造平台，突破"智能制造系统"开发与部署难题的非盈利组织，由美国能源部、美国国家标准与技术研究院（NIST）、国家科学基金（NSF）等部门主要支持。

2011年6月24日，美国SMLC发表了《实施21世纪智能制造》报告。该报告是基于2010年9月14日至15日在美国华盛顿举行的由美国工业界、政界、学术界，以及国家实验室等众多行业中的75位专家参加的旨在实施21世纪智能制造的研讨会。该报告认为智能制造的核心技术是网络化传感器、数据互操作性、多尺度动态建模与仿真、智能自动化，以及可扩展的多层次的网络安全。该报告制定了智能制造推广至三种制造业（批量、连续与离散）中的4大类10项优先行动项目，即工业界智慧工厂的建模与仿真平台、经济实惠的工业数据收集与管理系统、制造平台与供应商集成的企业范围内物流系统、智能制造的教育与培训。

2012年2月，美国出台《先进制造业国家战略计划》，提出要通过技术创新和智能制造实现高生产率，保持在先进制造业领域中的国际领先和主导地位。2013年美国政府宣布成立"数字化制造与设计创新研究院"，2014年又宣布成立"智能制造创新研究院"。

2012年11月26日，美国通用电气公司（GE）发布了《工业互联网：打破智慧与材器的边界》白皮书，提出了工业互联网理念，将人、数据和机器进行连接，提升机器的运转效率，减少停机时间和计划外故障，帮助客户提高效率并节省成本。白皮书指出，通过部署工业互联网，各行业将实现1%效率的提升，并带来显著的经济效益。"工业互联网"的主要含义是，在现实世界中机器、设备和网络能在更深层次与信息世界的大数据和分析连接在一起，带动工业革命和网络革命两大革命性转变。2014年10月24日，GE（上海）公司发布了《未来智造》白皮书，提出由工业互联网、先进制造和全球智慧所催生的新一轮工业变革前景，以及推动这一转变需要进行新技术更新、组织调整、知识产权保护、教育体系和再培训完善等。

在美国，GE公司的“工业互联网”革命已成为美国“制造业回归”的一项重要内容。

2. 要点分析

SMLC提出了联网的传感器，数据互用性，多尺度动态建模与仿真，智能自动化，可扩展的多层级赛博安全等关键技术。SMLC组织制定的“智能流程制造”路线图和“智能制造企业（联盟）”行动计划就围绕这些关键技术，确定了集成的发展路线。

（1）五个连续路径实现智能制造

智能制造的企业场景中，统一的模型集成到全部运行中，对象和过程都体现了分布式智能，企业范围内形成自感知、自优化的系统，以及可共用信息和能力的系统，建立任何操作和运行的影响都可预测的工业。实现智能制造要分五步走：一是将数据转化为知识，关注建模标准、数字化环境与信息基础设施；二是将知识转化为模型，关注智能化的工艺建模、仿真、分析与优化；三是将模型转化为关键工厂资产，关注工厂级的智能工艺实施与智能制造管理；四是关键工厂资产的全球化，关注企业（联盟）级的智能制造；五是建立关键绩效指标，关注面向智能制造的教育与技能。

（2）四个行动计划打造智能制造企业

智能制造企业（联盟）应该从工厂运行到供应链都是智能的，能够全寿命周期地虚拟跟踪资本资产、工艺和资源，具备柔性、敏捷和创新的制造环境，绩效和效率都是最优化的，业务和制造都是高效协同运行的。针对这一目标，确立了四个行动计划：一是搭建面向智能制造的工业界建模与仿真平台；二是构建经济可承受的工业数据收集与管理系统；三是在商务系统、制造工厂和供应商之间实现企业（联盟）范围集成；四是加强智能制造中的教育与培训。

3. 路线图

智能流程制造（SPM）描述的是一种技术和能力，其中各类计算机模型是数据、知识、技能、决策和发现的集成点。它是将数据和知识构筑成有用的形式并应用的方法。SPM的路线图共5条最终汇集为智能流程的实现路线，如图2-4所示。分别是“从数据到知识”关注采集与解释数据；“从知识到运行模型”确定工厂运行时需要什么模型和仿真；“从运行模型到企业应用的关键工厂资产”将这些模型和仿真集成为综合工厂的运行，向柔性的、积极主动的工厂运行迈进；“全球应用的关键工厂资产”关注全局思考与决策；“从人员、知识和模型到组合的关键绩效指标（KPI）”关注员工培训和转变。

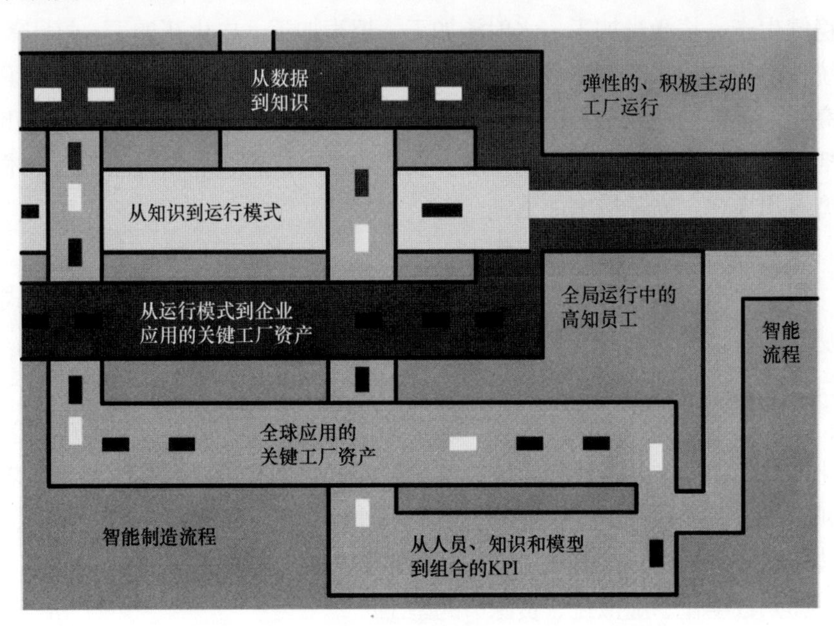

图 2-4　美国 SPM 智能流程制造的 5 条实现路线

2.2.3　欧盟“未来工厂”

1. 概述

为促进欧洲工业复兴，2014—2020 年欧盟和产业界预计向未来工厂公私合作计划共投入 11.5 亿欧元，由私营方代表欧洲未来工厂研究协会制定的“未来工厂 2020”路线图体现了该计划的总体科研方向及优先科研主题。

2. 要点分析

欧盟未来工厂路线图按照六个领域确定了一系列科研重点。以下六个领域都体现了向未来工厂转型的某个方面。

（1）先进制造工艺

一是新颖材料及结构加工，包括：定制部件制造，先进材料和多材料连接组装技术，热固树脂与陶瓷基热固树脂复合结构或产品的自动化生产，非耗竭型原材料、生物材料和细胞产品制造工艺，可实现自适应控制、内置传感、自愈合、抗菌、自清洁、超低摩擦、自组装等新功能的大规模生产表面加工工艺。二是复杂结构、形状及测量，包括近成型制造、自然结构仿生制造、产品再制造和废物循环利用、工艺控制改进、在线检测系统、前处理预测和事先预防型控制等材料节约型制造工艺、大批量微纳制造、微纳技术产品稳健生产，将激光加工、水射流加工、超声加工、电火花加工、打印等非传统技术集成起来的新型多功能集成制造工艺，聚合物、弹性体、先进织物等高性能柔性结构制造。三是支持颠覆性制造技术的商业模式与商业策略，包括先进材料的产品寿命周期管理、创新的产品供应链、颠覆性制造技术的新型应用模式、光子技术加工链。

(2) 自适应、智能制造系统

科研重点包括：柔性、可重构机械及机器人；机械及机器人的嵌入式认知功能；身临其境、安全高效的人机交互；用于柔性生产的智能机器人；用于自适应工厂、高性能制造设备的机械电子和新型机器架构；高精密生产设备；采用先进材料的高性能设备；跨学科机械电子工程工具；自适应工艺自动化及控制；动态制造执行系统；基于智能传感器和传感网络的制造工艺监测和感知；面向未来制造企业的机对机云连接；工厂中直观的用户界面、移动技术和丰富的用户体验技术；大规模定制与现实资源的集成。

(3) 数字化、虚拟化、资源节约型工厂

关注工厂设计、数据收集管理、运营和规划。科研重点包括：综合工厂模型；智能维护系统；工厂寿命周期管理的集成高性能计算工具；未来制造企业能源监测及管理；生产质量和产量提高多层次模拟及分析工具；产品制造风险评估及减轻服务；工厂快速初始化按需、模块化模型；工厂性能及资源综合管理移动软件；面向系统的质量控制策略；生产设备和过程设计与管理；生产系统设计与管理；制造策略设计与管理；设计方法及工具集成；拆解回收厂。

(4) 协同化、移动化企业

这组科研重点关注网络化的工厂和动态的供应链。科研重点包括：基于云计算的制造业供应链业务网；用于敏捷、开放的供应网络的移动应用程序商店及应用程序；供应链网络中的物联网对象；供应网络中的复杂事件处理；供需协同规划、执行与产品追溯；企业供应网络中产品和代码的数字化知识产权管理；基于多种企业角色的访问控制。

(5) 以人为中心的制造

未来工厂中的知识工作者将使用多模式用户界面，工作流程直观且由用户体验驱动。无处不在的移动信息通信技术让工人远程遥控和监督生产过程。科研重点包括：新型制造技术教育方法和电子学习；用于知识创新和学习的先进信息模型；车间的自动化与持续适应水平；制造系统中工人与其他资源的互动与协同；下一代数字化制造知识推荐系统；动态工作环境中的即插即用界面；工人活动监测分析工具；复杂制造和产品数据的可视化优化；互联企业的组织知识链接。

(6) 聚焦客户的制造

从产品工艺设计到与制造相关的创新服务，均需要关注制造业价值链中的客户。科研重点包括：产品设计智能工具；节能产品寿命周期监测与生态利用的信息技术方案；产品服务系统协同设计环境；个性化和创新产品设计众包；产品服务可持续性模拟；成本与制造能力评估；产品使用数据匿名化收集和分析；以客户为中心的按需制造、产品质量评价标准及工具；模块化、可升级、可重构、可拆卸产品的制造方案；由柔性设计制造过程实现的创意和用户驱动型创新。

3. 路线图

欧洲"未来工厂"研究协会（EFFRA）在 2013 年制定了"未来工厂 2020"路线图，明确了"未来工厂"计划的目标，提出欧洲的"制造愿景 2030"。为实现这个愿景，路线图分析了面临的机遇和挑战，总结了关键技术与使能条件，指出了重点的研究与创新领域，如图 2-5 所示。

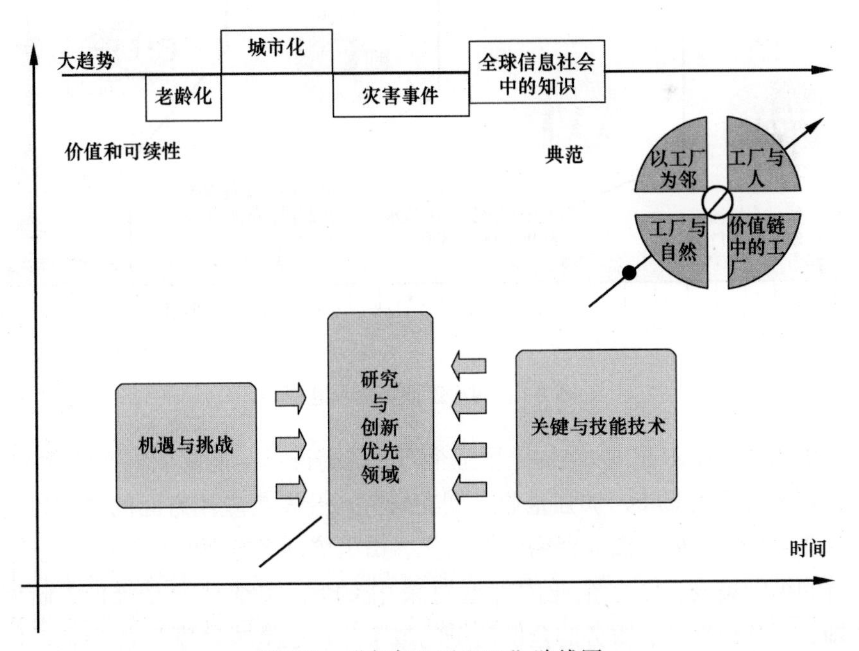

图 2-5　"未来工厂 2020"路线图

2.2.4 德国“工业 4.0”

1. 概述

2013 年 4 月，德国在汉诺威工业博览会上正式推出了“工业 4.0”战略，其核心是通过信息-物理系统（Cyber-Physical System，CPS）实现人、设备与产品的实时连通、相互识别和有效交流，从而构建一个高度灵活的个性化和数字化的智能制造模式。在这种模式下，生产由集中向分散转变，规模效应不再是工业生产的关键因素；产品由趋同向个性的转变，未来产品都将完全按照个人意愿进行生产，极端情况下将成为自动化、个性化的单件制造；用户由部分参与向全程参与转变，用户不仅出现在生产流程的两端，而且广泛、实时参与生产和价值创造的全过程。在制造业领域，这种技术变革可以被称为工业化的第四个阶段或“工业 4.0”。工业革命的四个阶段如图 2-6所示。

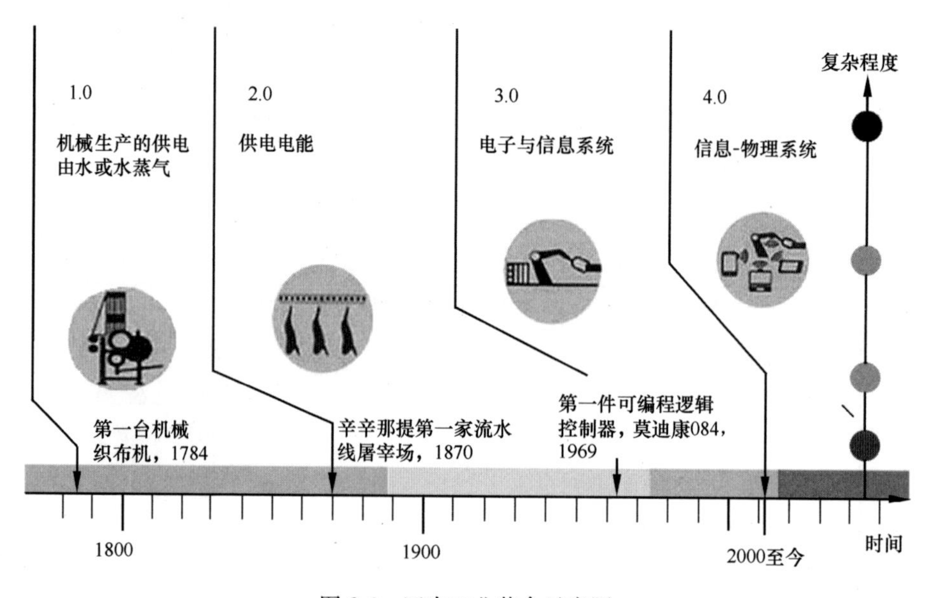

图 2-6 四次工业革命示意图

德国“工业 4.0”战略提出了三个方面的特征：一是价值网络的横向集成，即通过应用 CPS，加强企业之间在研究、开发与应用方面的协同推进，以及在可持续发展、商业保密、标准化、员工培训等方面的合作；二是全价值链的纵向集成，即在企业内部通过采用 CPS，实现从产品设计、研发、计划、工艺到生产、服务的全价值链的数字化；三是端对端系统工程，即在工厂生产层面，通过应用CPS，根据个性化需求定制特殊的IT结构模块，确保传感器、控制器采集的数据与ERP管理系统进行有机集成，打造智能工厂。

2. 要点分析

德国“工业4.0”战略的要点可以概括为建设一个网络、研究两大主题、实现三项集成、实施八项计划。

建设一个网络——信息物理系统网络：信息物理系统就是将物理设备连接到互联网上，让物理设备具有计算、通信、精确控制、远程协调和自治五大功能，从而实现虚拟网络世界与现实物理世界的融合。CPS可以将资源、信息、物体以及人紧密联系在一起，从而创造物联网及相关服务，并将生产工厂转变为一个智能环境。这是实现“工业4.0”的基础。

研究两大主题——“智能工厂”和“智能生产”。“智能工厂”是未来智能基础设施的关键组成部分，重点研究智能化生产系统及过程以及网络化分布生产设施的实现。“智能生产”的侧重点在于将人机互动、智能物流管理、3D打印等先进技术应用于整个工业生产过程，从而形成高度灵活、个性化、网络化的产业链。生产流程智能化是实现“工业4.0”的关键。

实现三项集成——横向集成、纵向集成与端对端的集成：“工业4.0”将无处不在的传感器、嵌入式终端系统、智能控制系统、通信设施通过CPS形成一个智能网络，使人与人、人与机器、机器与机器以及服务与服务之间能够互联，从而实现横向、纵向和端对端的高度集成。“横向集成”是企业之间通过价值链以及信息网络所实现的一种资源整合，是为了实现各企业间的无缝合作，提供实时产品与服务；“纵向集成”是基于未来智能工厂中网络化的制造体系，实现个性化定制生产，替代传统的固定式生产流程(如生产流水线)；“端对端集成”是指贯穿整个价值链的工程化数字集成，是在所有终端数字化的前提下实现的基于价值链与不同公司之间的一种整合，这将最大限度地实现个性化定制。

实施八项计划——“工业4.0”得以实现的基本保障：一是标准化和参考架构。需要开发出一套单一的共同标准，不同公司间的网络连接和集成才会成为可能。二是管理复杂系统。适当的计划和解释性模型可以为管理日趋复杂的产品和制造系统提供基础。三是一套综合的工业宽带基础设施。可靠、全面、高品质的通信网络是“工业4.0”的一个关键要求。四是安全和保障。在确保生产设施和产品本身不能对人和环境构成威胁的同时，要防止生产设施和产品滥用及未经授权的获取。五是工作的组织和设计。随着工作内容、流程和环境的变化，对管理工作提出了新的要求。六是培训和持续的职业发展。有必要通过建立终身学习和持续职业发展计划，帮助工人应对来自工作和技能的新要求。七是监管框架。创新带来的如企业数据、责任、个人数据以及贸易限制等新问题，需要包括准则、示范合同、协议、审计等适当手段加以监管。八是资源利用效率。需要考虑和权衡在原材料和能源上的大量消耗给环境和安全供应带来的诸多风险。

2.2.5 中国制造 2025

1. 概述

一个国家制造业的“强”和“弱”是与他国比较而言的，是相对的，因此对于制造强国的判断应突出与其他国家相比较的优势。纵观美、欧等发达国家的强国之路可以看出，具备规模雄厚、结构优化、技术创新能力强、发展质量好、产业链国际主导地位突出的制造业是国民经济持续发展和繁荣及国家安全的基础。

目前，国内外对于“制造强国”的概念和内涵没有统一的描述。通过对一些有代表性的工业发达国家进行梳理和研究，大致可以将现有的制造强国主要特征归纳为：一是拥有雄厚的产业规模。反映了制造业发展的实力基础，表现为产业规模较大、具有成熟健全的现代产业体系、在全球制造业中占有相当比重。二是优化的产业结构。反映了产业间的合理结构，各产业之间和产业链各环节之间的密切联系，产业组织结构优化、基础产业和装备制造业水平较高、拥有众多有较强竞争力的跨国企业。三是良好的质量效益。体现了制造业发展质量和国际地位，表现为制造业生产技术水平世界领先、产品质量水平高、劳动生产率高、创造价值高、占据价值链高端环节等。四是持续的发展能力。体现高端化发展能力和长期发展潜力，表现为具有较强的自主创新能力，能实现绿色可持续发展，信息化发展水平较高。

我国是名副其实的制造业大国，有 220 多种工业品产量居世界第一，制造业净出口居世界第一，制造业增加值在世界占比达到 20.8%。所以，我国制造业不是要扩张产能，而是要创新，要缩小在高端领域与国际的差距。为此，“中国制造 2025”提出了实施国家制造业创新中心建设、智能制造、工业强基、绿色制造、高端装备创新五项重大工程，以解决长期制约重点领域发展的关键共性技术，突破一批标志性产品和技术。

“中国制造 2025”与德国“工业 4.0”都是在新一轮科技革命和产业变革背景下针对制造业发展提出的战略举措，两者有许多共同点，重点都是要把信息技术与制造技术深度融合，通过移动互联网、物联网、云计算、大数据、机器人等新一代信息技术，使制造业数字化、网络化和智能化。因此，“中国制造 2025”也被称为中国版的德国“工业 4.0”。

2. 要点分析

“中国制造 2025”提出了九大任务、十大重点领域和五项重大工程。

(1) 三个阶段

我国制造业强国进程可分为三个阶段：2025 年中国制造业可进入世界第二方阵，“迈入制造强国行列”；2035 年中国制造业将位居第二方阵前列，“我国制造业整体达到世界制造强国中等水平”；2045 年中国制造业可望进入第一方阵，“我国制造业大国地位国家稳固，综合实力进入世界制造强国行列”，如图 2-7 所示。

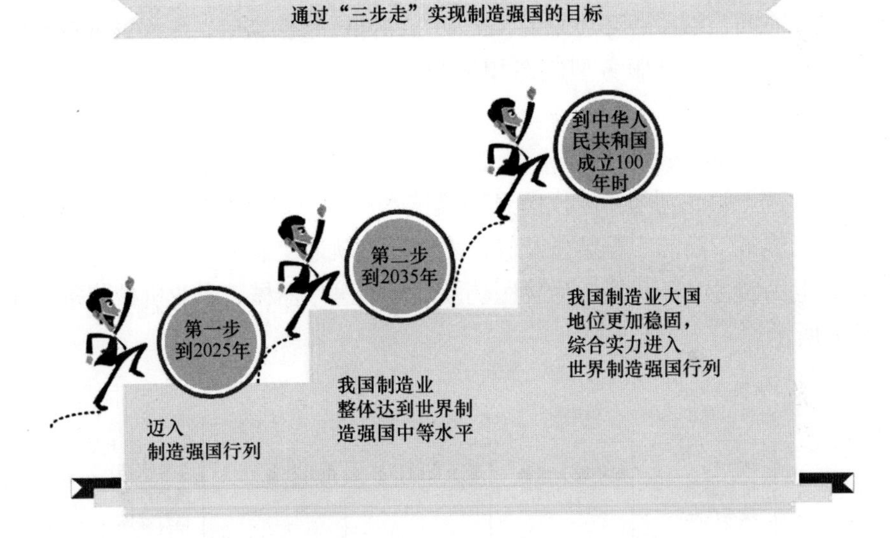

图 2-7　中国制造强国建设三个十年“三步走”战略示意图

(2) 九大任务

九大任务包括提高国家制造业创新能力、推进信息化与工业化深度融合、强化工业基础能力、加强质量品牌建设、全面推行绿色制造、大力推动重点领域突破发展、深入推进制造业结构调整、积极发展服务型制造和生产性服务业、提高制造业国际化发展水平，如图 2-8 所示。

新一轮工业革命的主要特征是信息技术与制造技术的深度融合，以实现国家制造业创新能力的提升。在深度融合的过程中，一方面，从工业自身来说，要强化工业基础能力、加强质量品牌建设、大力推动重点领域突破发

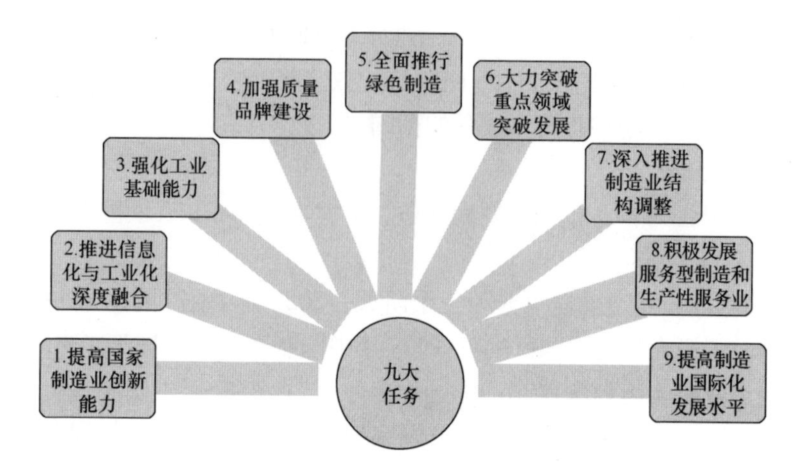

图 2-8　“中国制造 2025”九大任务示意图

展；另一方面，从工业环境来说，需要全面推行绿色制造、深入推进制造业结构调整、积极发展服务型制造和生产性服务业、提高制造业国际化发展水平。

（3）十大重点领域

十大重点领域则为新一代信息通信技术产业、高档数控机床和机器人、航空航天装备、海洋工程装备及高技术船舶、轨道交通装备、节能与新能源汽车、电力装备、新材料、生物医药及高性能医疗器械、农业机械装备，如图 2-9 所示。

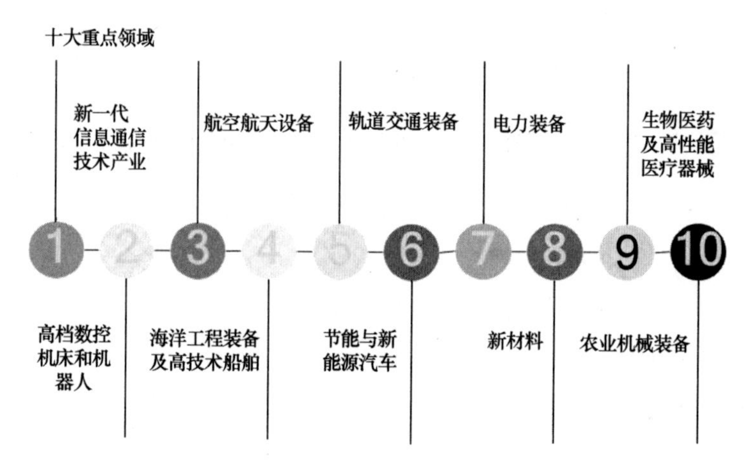

图 2-9　“中国制造 2025”十大重点领域示意图

(4) 五项重点工程

五项重点工程包括国家制造业创新中心建设、智能制造、工业强基、绿色制造、高端装备创新，如图 2-10 所示。

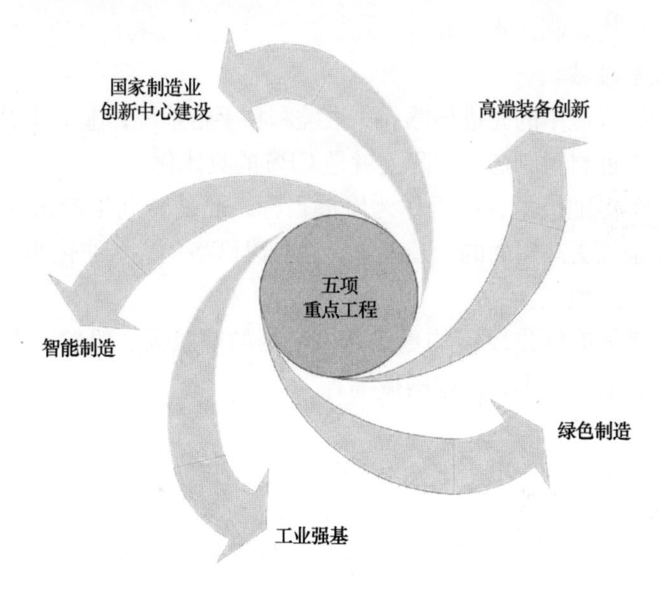

图 2-10　“中国制造 2025”五项重点工程示意图

(5)“中国制造 2025” 1+*X* 方案

所谓“1”就是规划本身，*X* 即为相关配套规划。国务院常务会议明确提出抓紧发布智能制造、绿色制造、质量品牌提升等 11 个配套实施指南、行动计划或专项规划，明确了部分配套方案的方向。

2.2.6　美国、德国和中国“智能制造技术”的对比分析

1. 共同点

在国际、国内产业形势研判后做出的决策，均提出以“智能制造”为突破口，注重 CPS 技术在未来工业发展中的核心地位，在信息化、智能化、网络化、全局化等方面投入大量人力物力进行创新研究。

2. 不同点

(1) 愿景对比。

美国：注重利用大数据与信息技术进行工业格局的重塑，实现先进制造业的创新，开拓新产业，引领全球制造业走向。

德国：推动解决全球所面临的资源短缺、能源利用效率及人口变化等问

题（更微观、具体、更多关注制造的产品、过程、模式）。

中国：中国制造业创新能力和信息化水平大幅度提升、制造业结构优化、产品质量显著提高，著名品牌显著增多（更宏观、抽象，关注制造技术、制造业结构、制造水平）。

（2）技术领域。

美国：制造业中的先进传感、先进控制和平台系统；虚拟化、信息化和数字制造；先进材料制造，实际上就是 CPS 的具体化。

德国：不再把技术、品牌作为发展目标，而是转向生产模式、生产管理、生产安全等更高层面的制造理念，达到以网络化、智能化为主要特征的新工业革命生产模式。

中国：具体的优先发展的重点领域包括航空航天、船舶、先进轨道交通、节能和新能源汽车、医疗器械等。

（3）行动路径。

美国：发展包括先进生产技术平台、先进制造工艺及设计与数据基础设施等先进数字化制造技术，其核心是鼓励创新，并通过信息技术来重塑工业格局，激活传统产业，是一种从 CPU、系统、软件、互联网等信息端，通过大数据分析等工具“自上而下”的重塑制造业的模式。

德国：突出智能、网络、系统，建设 CPS，将物联网、服务网广泛应用于制造领域，对制造产品的全生命周期、完整制造流程模块进行集成和数字化，构筑一种高度灵活、具备鲜明个性特征的产品与服务生产模式，是一种从制造业出发，利用信息技术改造制造业的“自下而上”的改革模式。

中国：更多集中于市场准入制度、政府经济职能转变、行政审批制度改革、市场环境建设、政策支持等，技术研发、科技成果转化、创新能力设计等仍然作为实现战略目标的行动路径，政府在行动过程中的作用有着明显体现。

2.3　绿色制造与智能制造的关系

“绿色制造”与“智能制造”是工业领域的两大主题，绿色制造与智能制造相互补充、相互促进。

绿色制造是一种综合考虑环境问题和资源效率的现代制造模式，其目标是使得产品从设计、制造、包装、运输、使用到报废处理的整个产品生命周期中，对环境影响最小、资源利用率最高。我国政府高度重视发展绿色产业和绿色经济，把可持续发展作为国家战略，把建设资源节约型、环境友好型社会作为重大任务。

在实现智能制造过程时，必须考虑制造行业的“低碳经济”问题，企业应善于抓住机遇，转变生产方式，走在前面，将被动变为主动，利用社会发展理念的变革作为企业加速发展的动力，努力抢占“低碳经济”的制高点。企业应当在考虑发展的战略时，一并考虑如何制定“低碳战略”，并力求与国家的可持续发展趋势同步增长。

综上所述，绿色制造强调资源消耗低、环境污染少；智能制造强调网络化、智能化、个性化。两者相互补充，一个侧重降低消耗，一个侧重提质增效。智能制造中的信息化技术应用，不仅能让生产、销售等环节互联互通，也有利于减少资源消耗，促进节能减排。绿色制造要求产品设备、科技工艺和生产流程升级换代，在其过程中推行的新材料、节能工艺等，与智能制造的新产品、新技术不谋而合。

我国“十三五”规划建议特别提出推进传统制造业绿色改造，推动建立绿色低碳循环发展产业体系，鼓励企业工艺技术装备更新改造。全面推行绿色制造，关键在于重大绿色技术和绿色产品的不断创新和推广应用，涵盖领域既包括需要改造升级的传统产业，也包括要高起点发展的新兴产业。钢铁、纺织等传统制造业要用高效绿色的生产工艺和技术装备来改造传统制造流程，信息通信、高端装备等新兴产业则要从绿色设计开始打造全绿色产业链。由此产生的绿色数据中心、可再生能源、智能电网、智能物流等，不仅有助于推动中国制造走向绿色、智能的产业链高端，也能带动节能环保上下游产业链的发展，创造新的经济增长点。

2.4　智能工厂

无论是美国“再工业计划”还是德国“工业 4.0”，以及“中国制造2025”等，都明确提出“积极构建绿色制造体系”的重点工作，是制造业开展绿色化建设的重点对象，所以智能工厂的建设及实施中必须“低碳化”和“绿色化”，并在“绿色制造”过程中借助智能工厂主体才更有效地实现“资源低消耗、环境少污染”的目标。

2.4.1 智能工厂的内涵

智能生产是智能制造的主线，而智能工厂是智能生产的主要载体，是通过构建智能化生产系统、网络化分布生产设施，实现生产过程的智能化。智能工厂包括网络化的生产设施及智能化的生产系统。它是一种新的生产模式，融合了智能设计、智能制造、智能装备、商业智能、运营智能等全新的ICT技术。

“智能工厂”的概念最早是由奇思2009年在美国提出的，其核心是工业化和信息化的高度融合。利用物联网技术和监控技术加强信息管理服务，通过大数据与分析平台、云计算产生的数据转化为实时信息（云端智能工厂），提高生产过程可控性、减少生产线人工干预，以及合理计划排产。同时，集智能手段和智能系统等新兴技术于一体，构建高效、节能、绿色、环保、舒适的人性化工厂。

智能工厂已经具有了自主能力，可采集、分析、判断、规划；通过整体可视技术进行推理预测，利用仿真及多媒体技术，将实境扩增展示设计与制造过程。系统已具备了自我学习、自行维护能力。系统中各组成部分可自行组成最佳系统结构，具备协调、重组及扩充特性。

人、机、料、法、环是对全面质量管理理论中的五个影响产品质量的主要因素的简称。人，指制造产品的人员；机，指制造产品所用的设备；料，指制造产品所使用的原材料；法，指制造产品所使用的方法；环，指产品制造过程中所处的环境。而智能生产就是以智能工厂为核心，将人、机、法、料、环连接起来，多维度融合的过程，如图2-11所示。

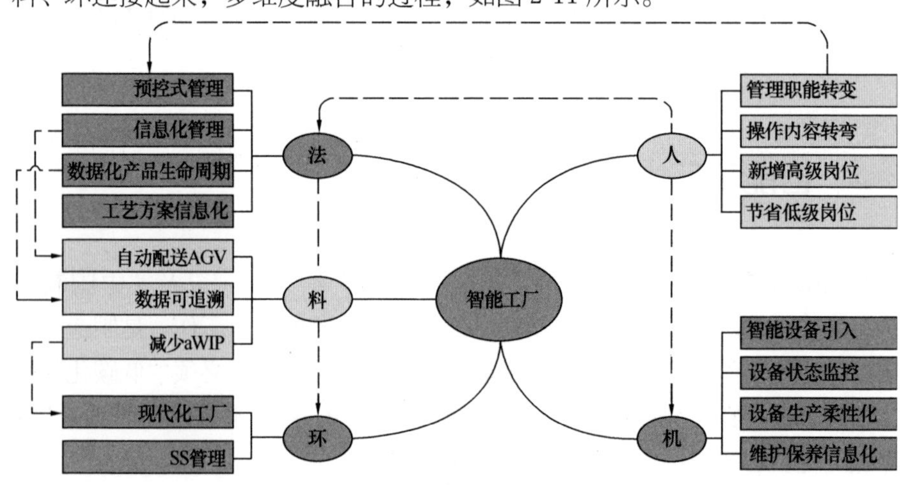

图2-11　智能工厂的内涵

智能工厂建设是一项系统工程，从空间维度看，包括生产、工艺、设备、质量、仓储、物流、自动化、信息化等技术与系统；从时间维度看，包括产品研发、生产制造、供应链等。

智能工厂建设旨在使企业的生产系统、信息系统、自动化系统和业务管理系统成为一个协同工作的整体，提升企业生产管控的整体绩效。

2.4.2　智能工厂的特征

目前智能工厂概念仍众说纷纭，从管理层面其基本特征可分为制程管控可视化、系统监管全方位及制造绿色化三个层面。

一是制程管控可视化。由于智能工厂高度的整合性，在产品制程上，包括原料管控及流程，均可直接实时展示于控制者眼前。此外，系统机具的现况也可实时掌握，减少因系统故障造成偏差。而制程中的相关数据均可保留在数据库中，让管理者得以有完整信息进行后续规划，也可以依生产线系统的现况规划机具的维护；可根据信息的整合建立产品制造的智能组合。

二是系统监管全方位。通过物联网概念、以传感器做链接使制造设备具有感知能力，系统可进行识别、分析、推理、决策以及控制功能；这类制造装备，可以说是先进制造技术、信息技术和智能技术的深度结合。当然此类系统，绝对不仅只是在工厂内安装一个软件系统而已，主要是透过系统平台累积知识的能力，来建立设备信息及反馈的数据库。从订单开始，到产品制造完成、入库的生产制程信息，都可以在数据库中一目了然，在遇到制程异常的状况时，控制者也可更为迅速反应，以促进更有效的工厂运转与生产。

三是制造绿色化。除了在制造上利用环保材料、留意污染等问题，并与上下游厂商间，从资源、材料、设计、制造、废弃物回收到再利用处理，以形成绿色产品生命周期管理的循环，更可透过绿色 ICT 的附加值应用，延伸至绿色供应链的协同管理、绿色制程管理与智慧环境监控等，协助上下游厂商与客户之间共同创造符合环保的绿色产品。

智能工厂将相应传感器检测生产过程中产品信息，通过标准接口系统和互联网技术及时传输到“大数据平台”，经云计算分析、比较得到指导实际的生产数据，再通过标准接口系统和互联网技术及时传输到相应的生产机械装备，从而构建智能工厂的生产。所有的生产制造活动均在互联网、物联网等技术下，实现数据、信息的优化共享。

在数据信息化上，智能工厂的基本特征表现如下：

1. 集成化

以MES为核心，向上支撑企业经营管理，向下与企业各生产环节过程的实时数据，通过互联网技术高度集成到大数据平台，从而将各自独立的信息系统连接成一个完整、可靠和有效的整体。

2. 智能化

各生产装备具有分析实时采集的生产数据可自行处理或调整生产参数，从而保证产品的生产质量和生产效率。

3. 数字化

借助大数据平台和互联网实现生产数据的实时数字化采集，快速掌握生产运行情况，实现生产环境与信息系统的无缝对接，提升了管理人员对生产现场的感知和监控能力。

4. 可视化

从大数据平台中导出产品加工过程、设备状态信息、生产资料等信息，通过显示屏或显示器等装置显示，可直观了解产品实时加工过程。

5. 自动化

产品从原料加工、成型、烧成、深加工等各生产环节，全部实现自动化生产。

6. 模型化

将生产环节进行模块化设计，可快速响应生产调度变化，从而实现智能化生产。

7. 虚拟化

获取订单后，先通过“虚拟制造”环节试运行，获取足够的参数，再转到实际工厂进行实际生产，实际生产时只需微调参数。

2.4.3　智能工厂主要建设模式

由于各行业生产流程不同，加上各行业智能化情况不同，智能工厂有以下几个不同的建设模式：

第一种模式是从生产过程数字化到智能工厂。在石化、钢铁、冶金、建材、纺织、造纸、医药、食品等流程制造领域，企业发展智能制造的内在动力在于产品品质可控，侧重从生产数字化建设起步，基于产品控制需求从产品末端控制向全流程控制转变。

第二种模式是从智能制造生产单元（装备和产品）到智能工厂。在机械、汽车、航空、船舶、轻工、家用电器和电子信息等离散制造领域，企业发展智能制造的核心目的是拓展产品价值空间，侧重从单台设备自动化和产品智能化入手，基于生产效率和产品效能的提升实现价值增长。

第三种模式是从个性化定制到互联工厂。在家电、服装、家居等距离用户最近的消费品制造领域，企业发展智能制造的重点在于充分满足消费者多元化需求的同时实现规模经济生产，侧重通过互联网平台开展大规模个性定制模式创新。

2.4.4　智能工厂的架构

智能工厂由虚拟数字工厂和物理系统中的实体工厂共同构成。其中，实体工厂部署有大量的车间、生产线、加工装备等，为制造过程提供硬件基础设施与制造资源，也是实际制造流程的最终载体；虚拟数字工厂则是在这些制造资源以及制造流程的数字化模型基础上，在实体工厂的生产之前，对整个制造流程进行全面的建模与验证。为了实现实体工厂与虚拟数字工厂之间的通信与融合，实体工厂的各制造单元中还配备大量的智能元器件，用于制造过程中的工况感知与制造数据采集。在虚拟制造过程中，智能决策与管理系统对制造过程进行不断的迭代优化，使制造流程达到最优；在实际制造中，智能决策与管理系统则对制造过程进行实时的监控与调整，从而使得制造过程体现出自适应、自优化等智能化特征。

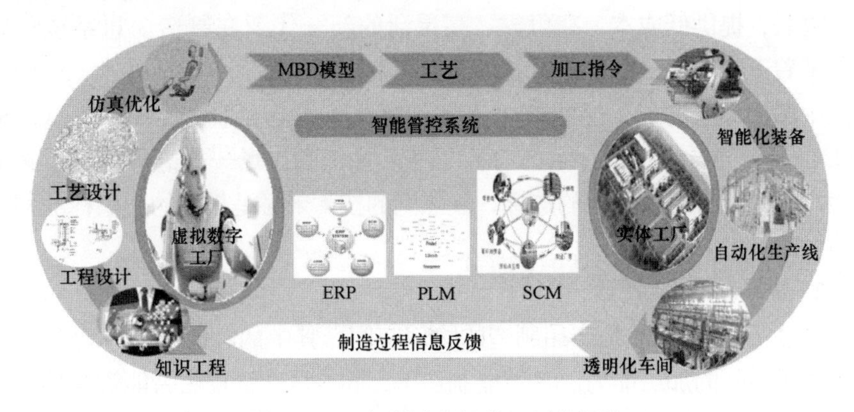

图 2-12　一般制造业智能工厂的架构

1. 智能工厂的基础技术

智能工厂的建设主要基于以下三大基础技术：

（1）无线感测器。无线感测器将是实现智能工厂的重要利器。智慧感测是基本构成要素。仪器仪表的智慧化，主要是以微处理器和人工智能技术的发展与应用为主，包括运用神经网络、遗传演算法、进化计算、混沌控制等智慧技术，使仪器仪表实现高速、高效、多功能、高机动灵活等性能，如专家控制系统（Expert Control System，ECS）、模块逻辑控制器（Fuzzy Logic Controller，FLC）等都成为智能工厂相关技术的关注焦点。

（2）控制系统网络化。随着智能工厂制造流程连接的嵌入式设备越来越多，通过云端架构部署控制系统，无疑已是当今最重要的趋势之一。在工业自动化领域，随着应用和服务向云端运算转移，资料和运算位置的主要模式都已改变，由此也给嵌入式设备领域带来颠覆性变革。如随着嵌入式产品和许多工业自动化领域的典型 IT 元件，如制造执行系统（MES）以及生产计划系统（PPS）的智慧化，以及连线程度日渐提高，云端运算将可提供更完整的系统和服务。一旦完成连线，体系结构、控制方法以及人机协作方法等制造规则，都会因为控制系统网络化而产生变化。此外，由于影像、语音信号等大数据高速率传输对网络频宽的要求，对控制系统网络化，更构成严厉的挑战，而且网络上传递的资讯非常多样化，哪些资料应该先传（如设备故障信息），哪些资料可以晚点传（如电子邮件），都要靠控制系统的智慧能力，进行适当的判断才能得以实现。

（3）工业通信无线化。工业无线网络技术是物联网技术领域最活跃的主流发展方向，是影响未来制造业发展的革命性技术，其通过支持设备间的交互与物联，提供低成本、高可靠、高灵活的新一代泛在制造信息系统和环境。随着无线技术日益普及，各供应商正在提供一系列软硬体技术，协助在产品中增加通信功能。这些技术支援的通信标准包括蓝牙、Wi-Fi、GPS、LTE 以及 WiMax。然而，由于工厂需求不像消费市场一样的标准化，必须因生产需求，有更多弹性的选择，最热门的技术未必是最好的通信标准和客户需要的技术。

2. 智能车间/生产线

智能车间/生产线是产品制造的物理空间，其中的智能制造单元及制造装备提供实际的加工能力。各智能制造单元间的协作管控由智能管控及驱动系统实现。智能制造车间/生产线基本构成如图 2-13 所示。

（1）生产智能管控系统。生产智能管控系统是智能加工与装配的核心环节，主要负责制造过程的智能调度、制造指令的智能生成与按需配送等任务。在制造过程的智能调度方面，需根据车间生产任务，综合分析车间内设备、工装、毛料等制造资源，按照工艺类型及生产计划等将生产任务实时分派到不同的生产线或制造单元，使制造过程中设备的利用率达到最高。在制

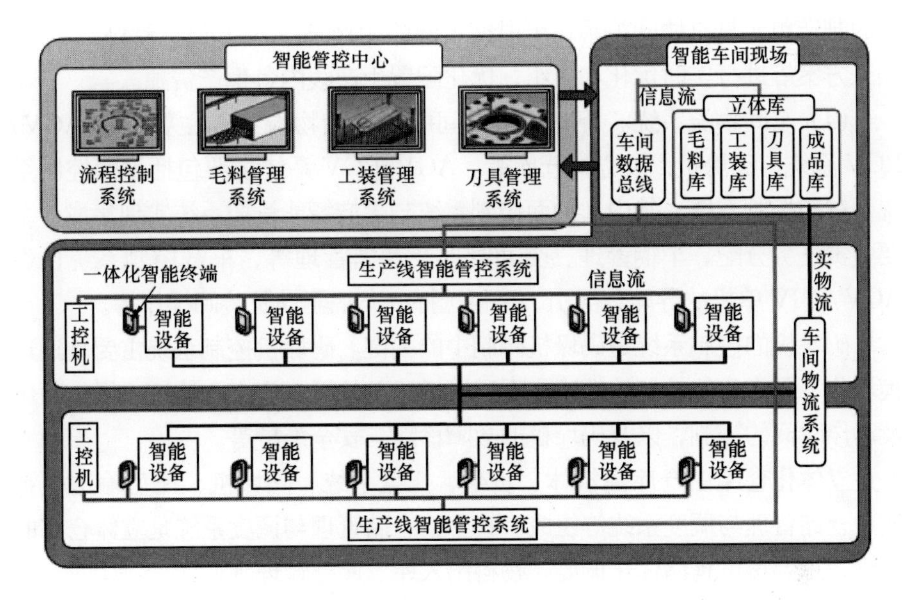

图 2-13　智能车间/生产线基本构成

造指令的智能生成与按需分配方面，面向车间内的生产线及生产设备，根据生产任务自动生成并优化相应的加工指令、检测指令、物料传送指令等，并根据具体需求将其推送至加工设备、检测装备、物流系统等。

(2) 智能装备。从逻辑构成的角度，智能装备由智能决策单元、总线接口、制造执行单元、数据存储单元、数据接口、人机交互接口以及其他辅助单元构成。其中，智能决策单元是智能设备的核心，负责设备运行过程中的流程控制、运行参数计算以及设备检测维护等；总线接口负责接收车间总线中传输来的作业指令与数据，同时负责设备运行数据向车间总线的传送。制造执行单元由制造信息感知系统、制造指令执行系统以及制造质量测量系统等构成；数据存储单元用于存储制造过程数据以及制造过程决策知识；数据接口分布于智能设备的各个组成模块之间，用于封装、传送制造指令与数据；人机交互接口负责提供人与智能设备之间传递、交换信息的媒介和对话接口；其他辅助单元主要是指刀具库、一体化管控终端等。

(3) 智能生产线。将多种智能设备组装成的智能生产线，可实时存储、提取、分析与处理工艺、工装等各类制造数据，以及设备运行参数、运行状态等过程数据，并能够通过对数据的分析实时调整设备运行参数、监测设备健康状态等，并据此进行故障诊断、维护报警等行为，对于生产线内难以自动处理的情况，还可将其向上传递至生产智能管控系统。此外，生产线内不同的制造单元具有协同关系，可根据不同的生产需求对工装、毛料、刀具、加工方案等进行实时优化与重组，优化配置生产线内各生产资源。

（4）车间物流系统。智能制造车间中的仓储物流系统主要涉及 AGV/RGV 系统、码垛机以及立体仓库等。AGV/RGV 系统主要包括地面控制系统及车载控制系统。其中，地面控制系统与生产智能管控系统实现集成，主要负责任务分配、车辆管理、交通管理及通信管理等，车载控制系统负责 AGV/RGV 单机的导航、导引、路径选择、车辆驱动及装卸操作等。

码垛机的控制系统是码垛机研制中的关键。码垛机控制系统主要是通过模块化、层次化的控制软件来实现码垛机运动位置、姿态和轨迹、操作顺序及动作时间的控制，以及码垛机的故障诊断与安全维护等。

立体化仓库由仓库建筑体、货架、托盘系统、码垛机、托盘输送机系统、仓储管理与调度系统等组成。其中，仓储管理与调度系统是立体仓库的关键，主要负责仓储优化调度、物料出入库、库存管理等。

3. 智能决策与管理系统

智能决策与管理系统如图 2-14 所示，是智能工厂的管控核心，负责市场分析、经营计划、物料采购、产品制造以及订单交付等各环节的管理与决策。通过该系统，企业决策者能够掌握企业自身的生产能力、生产资源以及所生产的产品，能够调整产品的生产流程与工艺方法，并能够根据市场、客

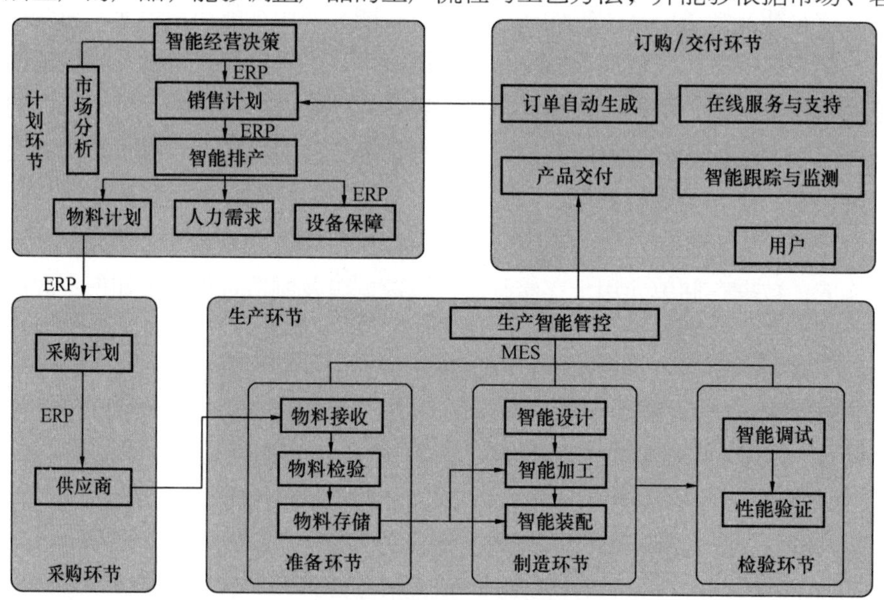

图 2-14　智能决策与管理系统

户需求等动态信息做出快速、智能的经营决策。

一般而言，智能决策与管理系统包含计划环节、订购/交付环节、采购环节和生产环节等。在智能工厂中，这些系统工具的最突出特点在于：一方面，能够向工厂管理者提供更加全面的生产数据以及更加有效的决策工具，相较于传统工厂，在解决企业产能、提升产品质量、降低生产成本等方面，能够发挥更加显著的作用；另一方面，这些系统工具自身已达到了不同程度的智能化水平，在辅助工厂管理者进行决策的过程中，能够切实提升企业生产的灵活性，从而满足不同用户的差异化需求。

从“绿色制造”和“智能制造”两个先进制造发展方向的内涵入手，归纳总结美国、欧盟、德国、中国等国家和地区的绿色制造和智能制造计划，对比分析其关键技术之后，进而剖析得出“绿色制造”和“智能制造”之间的关联：在智能制造实施过程中的“低碳化”和“绿色化”，并在“绿色制造”过程中借助智能技术更有效地实现“资源低消耗、环境少污染”的目标。最后，梳理了目前智能工厂的主要建设模式和架构。

第3章

建筑陶瓷绿色制造模型与智能制造模型

3.1 概述

从1995年至2019年的砥砺前行，我国建筑陶瓷产业探索出了一条独具中国特色的发展之路。在越来越多的层面和领域已经向意大利、西班牙等建筑陶瓷强国比肩看齐，甚至在某些领域已然超越了竞争对手，形成了三足鼎立的竞争格局。伴随互联网、大数据、信息化等技术的革命，全球经济一体化高度融合并发生着日新月异的深刻变革。在这场变革中，无论是建筑陶瓷大国还是建筑陶瓷强国，均面临着一系列全新的挑战和机遇。

对于我国建筑陶瓷产业而言，一方面，生产方式、消费方式以及商业模式均已发生了巨大的变化，要求企业或企业家必须踩准市场的节拍，通过创新驱动战略加快产业转型升级步伐，开辟具有中国特色的产业强盛之道；另一方面，意大利、西班牙等建筑陶瓷强国利用技术领先优势，在建筑陶瓷领域形成新的竞争优势，并构建出新的创新平台。与此同时，我国建筑陶瓷产业还面临着资源、能源、环保等一系列的危机与挑战。因此，我国建筑陶瓷产业必须与时俱进、顺势而为，才能够继往开来，实现产业转型升级和可持续发展。

3.2 建筑陶瓷产业链

随着整个建筑陶瓷产业链被重构，建筑陶瓷产品的传统生产方式也必然进行变革。目前，互联网在制造业的应用大多是在营销环节、售后服务和采购环节，如B2C和B2B模式，不久将在生产制造环节带来颠覆性的创新和全新的生产方式，即C2B模式。也就是真正体现所谓的互联网思维——以用户为导向，从消费者出发，重新挖掘消费者的多元化、分散化消费需求，由消费者的兴趣爱好来驱动设计生产，以此重组核心技术的模式。与现行的大规模、批量化生产相对应，这些将确保C2B模式下的多批次、小产量的生产状态产业仍有获利能力，确保工艺流程的灵活性和资源利用率，从而能够提供更加个性化、多样性、高质量和人性化的产品。

目前，我国建筑陶瓷产业链仍然是围绕核心企业，通过对信息流、物流、资金流的控制，从采购原材料开始，到制成中间产品以及最终产品，最后通过销售网络把产品送到消费者手中，同时将供应商、制造商、分销商、零售商、售后服务部门，最终用户连成一个整体的功能网络链结构模式。因这种产业链模式无法实现从“大规模生产”和“大规模定制”到“个性化定制”的转化，为策应当前我国建筑陶瓷产业智能化制造发展的需求，故需构建一种新型建筑陶瓷产业链关系，如图 3-1 所示。

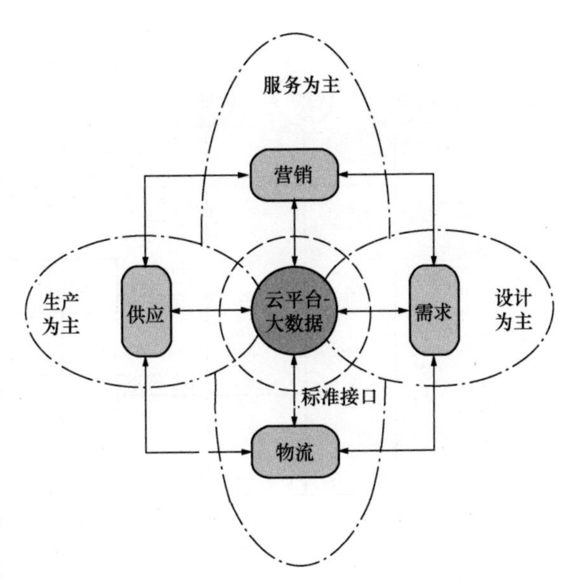

图 3-1　新型建筑陶瓷产业链关系示意图

以“大数据云平台”为基础，对“设计、供应、物流和营销”四个主要环节实现互联，集聚“设计、生产、物流和服务”四个主要功能板块。每个环节既是核心环节（企业），又是辅助环节（企业）的关系；既是上游企业，又是下游企业。

以“大数据云平台”为基础，保证在标准统一、数据共享的规范下，各个运行环节可以由单个建筑陶瓷企业独立完成，也可以由各专业化企业协同完成。在生产端，进一步提升我国建筑陶瓷产业的关联度；在销售端，进一步完成 C2B 的进程。将原有产业链中各个主体的横向和纵向关系转化为平台型、网络型关系，最终实现建筑陶瓷产业的智能制造发展目标。

3.3　建筑陶瓷绿色制造模型

建筑陶瓷生产过程在本质上是一个不断消耗物质资源（包括原材料、添加剂、水、空气等）和能量资源（包括电能、热能），而产出建筑陶瓷产品、各级废品或废坯、各类废气、废水的过程，见图 3-2。以绿色制造为目标，应在生产一定建筑陶瓷产品的同时，更少地消耗物资资源和能量资源，并且更少地产生各类污染物质（包括污染性的废气、废水、废渣）。

1. 物质资源的消耗

建筑陶瓷生产中的物质资源包括原材料、添加剂、水、助燃空气等，从

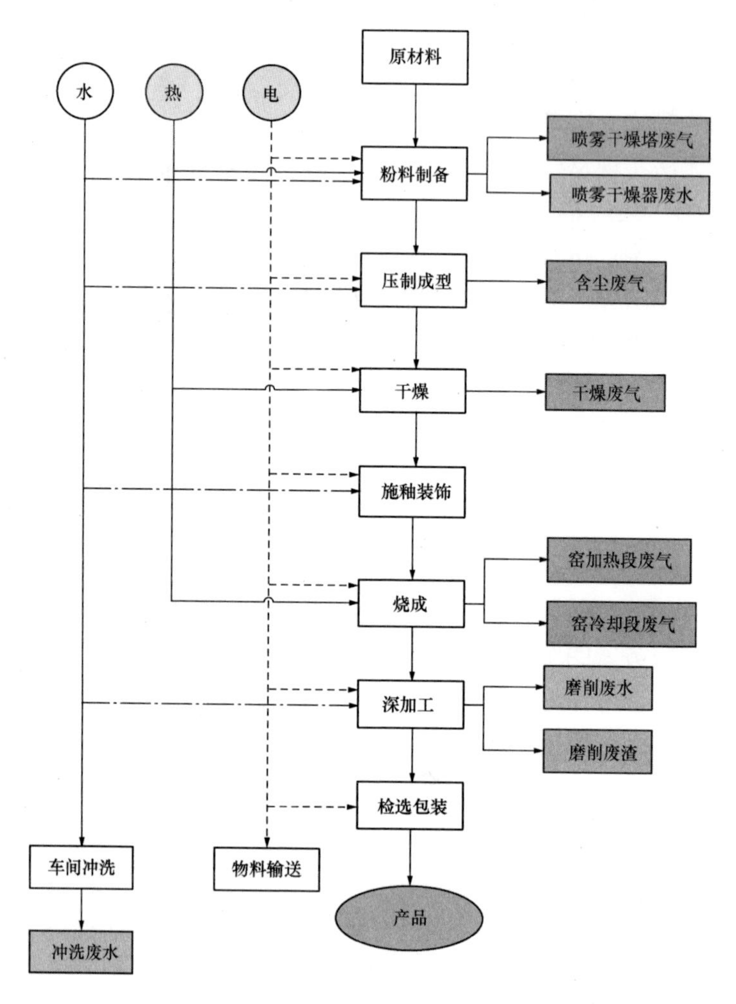

图 3-2　建筑陶瓷生产的资源投入与产出示意图

绿色制造的角度而言，主要应注意原材料、添加剂、水的节约使用。

（1）原材料的节约：节约原材料包括减少高品质原材料的消耗和减少原材料的总消耗量两个方面。

（2）添加剂的使用：通过合理使用添加剂（如减水剂、润滑剂、粘结剂等），可改善生产的工艺条件（如降低浆料含水率、增加粉料流动性、减少粉料内摩擦力、增强压制生坯机械强度等），节约水资源、电能消耗，增强坯体性能，提高成品率和生产效率。

（3）水的节约：合理选择粉料制备工艺（如湿法、干法、半干法等）及其参数（如浆料含水率、减水剂的使用、抛光废水的再利用等），是节约水资源消耗的关键。

2. 能量资源的消耗

建筑陶瓷生产中消耗的能量资源包括电能和热能两种。与物质资源相比，能量资源在消耗方式方面存在较大区别。对于一定的生产过程，物质资源消耗往往等同于生产对各类物质的本质性需求。但是，受能量转化效率的影响，能量资源的消耗除了用于满足生产的本质性能需求（即有用功）外，还存在相当可观的额外性能量消耗（即无用功），且额外性能量消耗随设备种类、设备运行状态及工艺参数的波动性较大。因此，为节约能量资源消耗，应分别从降低本质性消耗和减少额外性消耗两个方面分析。

（1）电能的节约。节约电能包括减少电能消耗量和降低电能成本两个方面。

① 减少电能消耗量。电能的消耗发生在各种电气化机械设备的运转过程中。建筑陶瓷生产中，首先选择生产效率更高的设备（如连续式球磨机、大吨位宽间距的压砖机等），从而提高设备生产效率；其次对生产设备的工艺参数（如球磨机的转速、压砖机压制压力等）进行合理设置，从而使投入设备的电能更多地转化为生产所需有用功；最后对生产设备进行实时维修保养并及时更换，保证设备摩擦部件的润滑效果，减少摩擦生热导致电能消耗、能量转化效率的降低。

② 降低电能成本。当前，我国工业生产所用电能往往来自国家电网，因此企业能够自己发电供自己使用（如采用热电联产系统），可以对余热发电加以利用，从而有效提高燃料利用率，降低电能成本。

（2）热能的节约。节约热能主要是通过减少热能消耗来实现的。

① 降低本质性热能需求：建筑陶瓷生产中，降低物料的含水率（如喷雾干燥的料浆含水率等），可减少干燥过程本质性热能的消耗；或者通过合理地调整配方、选取原料、优化坯体结构，以降低坯体烧成温度、减少坯体厚度，可以减少烧成过程中本质性热能的消耗。

② 减少额外性热能消耗：一方面减少尾气温度（如通过提高热交换效率、延长热交换时间等）和减少尾气排量（如提高进出风温差、提高热交换效率等），均可以减少尾气中的余热总量。另一方面降低设备机体的对外导热系数（如设置或覆盖隔热保温层等）和减少机体的散热面积（如选取宽断面低高度的窑炉等），减少设备机体散热。此外，改变热能的供给方式（如用辐射或微波技术等），提高传热效率，也可有效减少额外性热能消耗。

3. 污染物质的减排

建筑陶瓷生产过程中存在着不同程度的污染性废气、废水、废渣排放。

一方面应减少生产过程中污染性物质的产生量（即源头减量）；另一方面对已经污染的物质进行适当处理（末端治理），以减少生产过程对外部环境的污染输入，实现污染物质的减量化、无害化和资源化。

将“绿色制造”的理念，即绿色原料的选择、可回收原料的利用、清洁生产、清洁能源的使用、绿色包装等技术与装备在生产各环节上具体体现后，从而构建出“建筑陶瓷绿色制造模型”，见图 3-3。

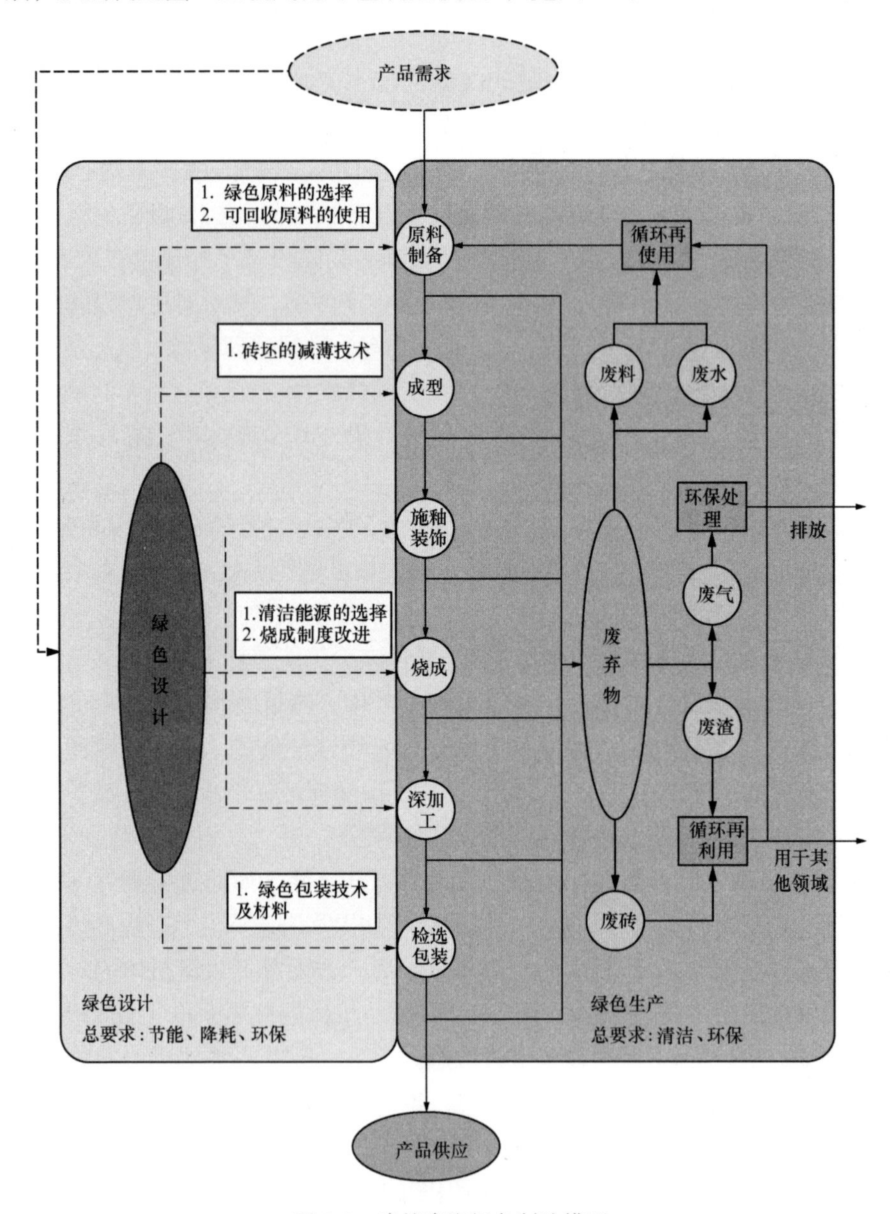

图 3-3　建筑陶瓷绿色制造模型

3.4　建筑陶瓷智能制造模型

我国建筑陶瓷产业的发展取得了辉煌的成绩，也陷入了一定的困境。一方面，生产能耗高、物耗大、占地面积多，资源粗放利用，节能减排和污染防治压力大，受资源、能源、环境的制约越来越严重；“用工荒”问题与人工成本上涨并存，导致生产成本在不断上涨。另一方面，由于金融危机影响，国外市场萧条，国内市场房地产不景气，再加上遭遇从国外建筑陶瓷企业的技术壁垒到反倾销控诉，销量不断下降，利润日益减少，部分企业发展难以为继。这些现象迫使我国的建筑陶瓷生产也必须向自动化、智能化发展。

参考“工业 1.0”～“工业 4.0”的划分标准，对建筑陶瓷产业的制造水平界定为建筑陶瓷工业 1.0、建筑陶瓷工业 2.0、建筑陶瓷工业 3.0、建筑陶瓷工业 4.0 四个水平状态。

(1) 建筑陶瓷工业 1.0 的特征为机械化，以单一机械设备代替了人工制作实现建筑陶瓷生产的机械化；

(2) 建筑陶瓷工业 2.0 的特征为自动化，将部分单一的机械设备连线成生产线，实现建筑陶瓷生产的半自动化或全自动化；

(3) 建筑陶瓷工业 3.0 的特征为数字化，将自动化的机械设备进行数字化改进，可实现机械设备的远程调试、控制、维护等目的。

(4) 建筑陶瓷工业 4.0 的特征为智能化，具有自感知、自学习、自决策、自执行、自适应等功能的新型生产方式，形成一种高度灵活、个性化、数字化的产品与服务新生产模式。

根据智能制造技术的内涵，首先完成“智能控制系统”（简称“智控系统”），将产品生产过程中的状态数据输入“智控系统”，并从“智控系统”进行数据的比较、分析，反馈出制造数据智能指导、控制各生产环节的设备，从而保证产品的质量，构建出“建筑陶瓷智能制造模型”，见图 3-4。

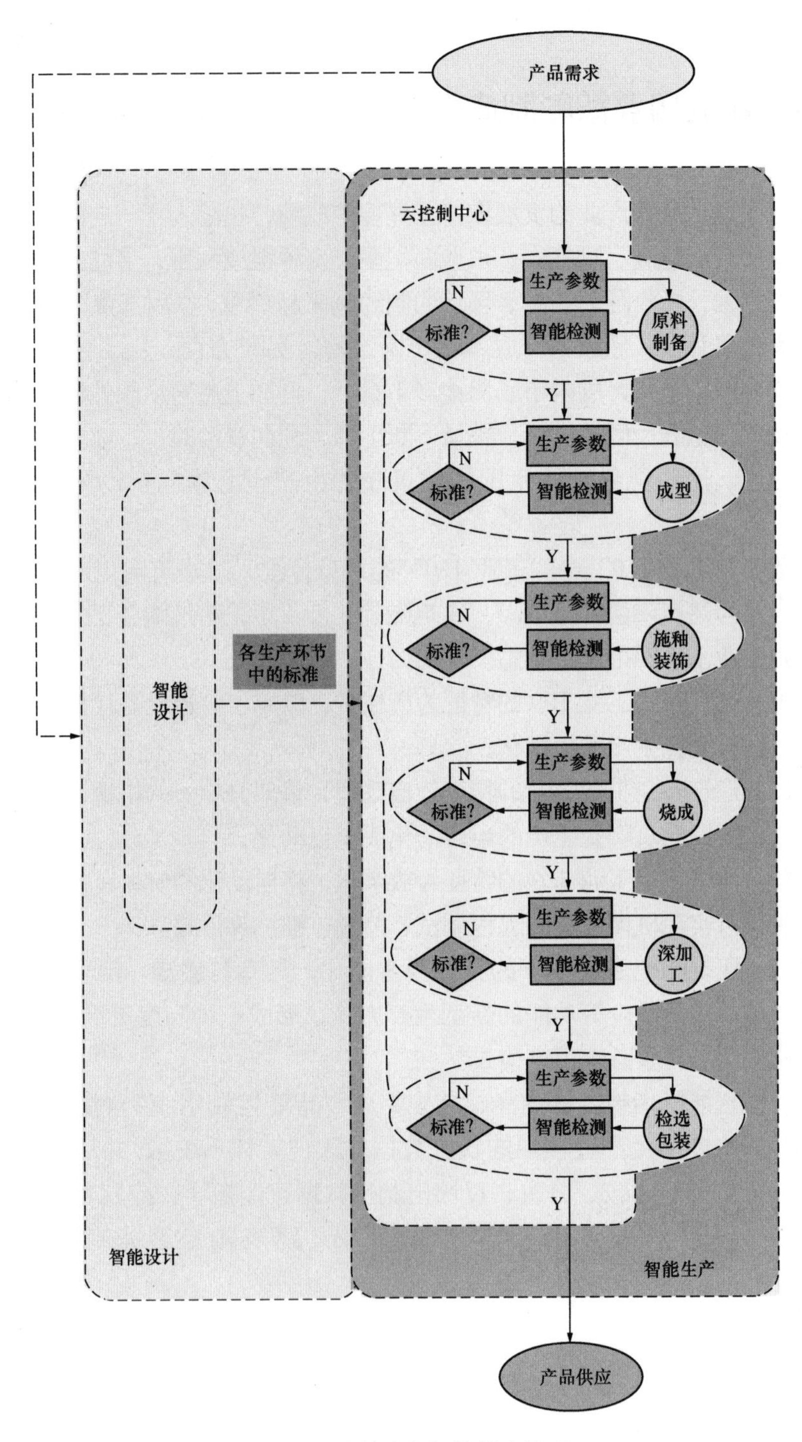

图 3-4　建筑陶瓷智能制造模型

3.5　建筑陶瓷绿色制造与智能制造技术路线图

3.5.1　需求

我国 3000 多家建筑陶瓷企业的产销量均已达世界第一，但大而不强，资源浪费、产能过剩、产品结构不合理等三大突出问题，迫切需要通过先进制造体系的构建，发展环保、节能、高附加值的建筑陶瓷产品，推动建筑陶瓷产业的转型升级和可持续发展。

3.5.2　目标

——2020 年

到 2020 年，基本实现建筑陶瓷企业绿色制造和智能制造，建筑陶瓷产业大国地位进一步巩固。

掌握一批重点领域关键核心技术，优势领域竞争力进一步增强，产品质量有较大提高。建筑陶瓷企业智能化取得明显进展。企业实现全自动化生产，以日产 1 万 m^2 抛釉砖生产线为参照标准，生产工人降至 80 人。

——2030 年

到 2030 年，建筑陶瓷企业整体素质大幅提升，创新能力显著增强。

全员劳动生产率明显提高，实现智能化生产，以日产 1 万 m^2 抛釉砖生产线为参照标准，生产工人降至 50 人。“两化”（工业化和信息化）融合迈上新台阶。

重点企业单位工业增加值能耗、物耗及污染物排放达到世界先进水平。形成一批具有较强国际竞争力的跨国公司和产业集群，在全球建筑陶瓷产业分工和价值链中的地位明显提升。

3.5.3　技术路线图

根据需求和目标的分析，得到建筑陶瓷先进制造系统至 2030 年的技术路线图，见表 3-1。

表 3-1　建筑陶瓷智能制造系统技术路线图

<table>
<tr><th></th><th>2020</th><th>2030</th></tr>
<tr><td rowspan="3">需求</td><td colspan="2">以云计算、物联网、大数据为代表的新一代信息技术与建筑陶瓷产业深度融合，推动产业转型升级发展</td></tr>
<tr><td colspan="2">建筑陶瓷产品由中低附加值向高附加值转变、向绿色发展，实现“高产高效、提质增效”可持续发展</td></tr>
<tr><td colspan="2">产品由大规模定制向个性化定制、柔性化生产方式转变</td></tr>
<tr><td rowspan="2">目标</td><td colspan="2">达到国家环保排放要求</td></tr>
<tr><td>企业实现全自动化生产，以日产1万m^2抛釉砖生产线为参照标准，仅需要工人80人</td><td>企业实现智能化生产，以日产1万m^2抛釉砖生产线为参照标准，仅需要工人50人</td></tr>
<tr><td>关键技术/装备</td><td colspan="2">集中制粉（干法、湿法）；大规格及薄板生产技术与装备；全自动生产技术与装备；智能化生产技术与装备；柔性化生产技术与装备</td></tr>
<tr><td>重点产品</td><td colspan="2">功能性建筑陶瓷产品；环保（固体废弃物回收率大于或等于50%）、轻质保温建筑陶瓷产品；自洁性建筑陶瓷产品</td></tr>
<tr><td>关键共性技术</td><td colspan="2">信息标准化技术；云计算；数据采集及大数据平台；工业机器人自动化成套技术系统；建筑陶瓷装备的智能、协同、远程操控技术</td></tr>
<tr><td>示范工程</td><td>建立自动化、绿色建筑陶瓷样板工厂</td><td>建立智能化、绿色建筑陶瓷样板工厂；面向建筑陶瓷生产的信息化整体解决方案示范应用</td></tr>
<tr><td rowspan="2">战略支撑</td><td colspan="2">构建适应国情、立足产业、协同高效、支撑发展的建筑陶瓷产业创新体系：建立研发、设计、检测、标准等大数据平台；开展基础前沿技术、关键共性、重大战略装备等协同创新研究中心；开展研发设计、科技服务、检验检测、信息服务等公共技术服务</td></tr>
<tr><td colspan="2">推进企业“两化”融合，发展智能制造、绿色制造；推进建筑陶瓷企业研发全球化布局及产业国际化发展；完善建筑陶瓷企业的税收优惠、新产品研发补贴等政策</td></tr>
</table>

3.5.4　实施关键内容

根据建筑陶瓷智能制造系统技术路线图，建筑陶瓷产品将朝着大型化、薄型化、功能化等方向发展，达到绿色陶瓷的要求。建筑陶瓷先进制造系统可先自动化后智能化两大阶段实施，其中智能化阶段可分为单一智能机械与装备、智能生产线、智能车间、智能工厂等阶段实施。具体实施关键内容如下：

(1) 建筑陶瓷全自动化生产需要的机械与装备：目前建筑陶瓷机械与装备已完成单机自动化生产，完成从原料制备到最终产品的全自动化生产线。

(2) 采集各种生产数据（致密度、尺寸等）的传感器：将所有数据的采集、汇总至大数据平台或相应智能机械与装备。

(3) 建筑陶瓷生产机械与装备的智能化——智能机械与装备：要求各生产机械与装备能感知生产数据，并实现自我智能化分析、决策等功能。

(4) 智能制造标准数据体系和信息安全保障系统：为了能保证各生产机械与装备传递数据的通畅和安全，需要建立一套具有信息安全保障的标准数据体系。

(5) 建筑陶瓷生产线数据管理系统——智能生产线：能将各生产机械与装备的自我采集生产数据汇总至大数据平台，融合经过云计算分析、决策，从而指导虚拟和实际生产。

(6) 建筑陶瓷生产车间数据管理系统——智能车间：能将各生产线的自我采集生产数据汇总至大数据平台，融入人员管理系统，然后经过云计算分析、决策，从而指导虚拟和实际生产。

(7) 建筑陶瓷工厂的数据管理系统——智能工厂：能将各生产车间的自我采集生产数据汇总至大数据平台，融入企业管理系统，然后经过云计算分析、决策，从而指导虚拟和实际生产。

通过分析建筑陶瓷生产的特点，首先分别构建出“建筑陶瓷智能制造模型”和“建筑陶瓷绿色制造模型”。其次给出智能制造中主要的基础技术。最后从目标、需求方面，提出建筑陶瓷智能制造系统技术路线图，并指明后续技术及管理发展重点内容。

第4章

建筑陶瓷绿色制造理论体系与智能制造体系

4.1 建筑陶瓷绿色制造理论体系

1. 建筑陶瓷的“三度”理论

借鉴可持续发展战略的“三度”理论，将“持续度”“发展度”和“协调度”改为“生产度”“绿色度”和“协调度”，构建出建筑陶瓷的绿色制造理论体系，如图 4-1 所示。

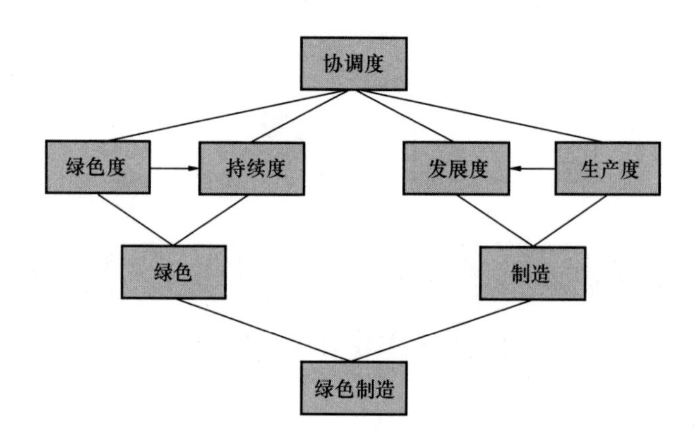

图 4-1 建筑陶瓷绿色制造的“三度”理论示意图

建筑陶瓷绿色制造，可分解为“绿色＋制造”，其中“绿色”强调的是“环境影响小”和“资源效率极高”，应与“持续度”相对应。“绿色度”可定义为绿色的程度或对环境的友好程度。可用“绿色度”代替“持续度”。“制造”的目的是创造财富，推动人类社会的发展，可采用“生产度”代替“发展度”。

2. 建筑陶瓷绿色制造的资源主线论

环境问题的主要根源是资源消耗后的废弃物（如废水、废气、废固等）。建筑陶瓷绿色制造的根本途径是优化制造资源的流动过程，使得资源利用率尽可能高，废弃物尽可能少，借鉴绿色制造的资源主线论，得出建筑陶瓷绿色制造的资源主线论，如图 4-2 所示。

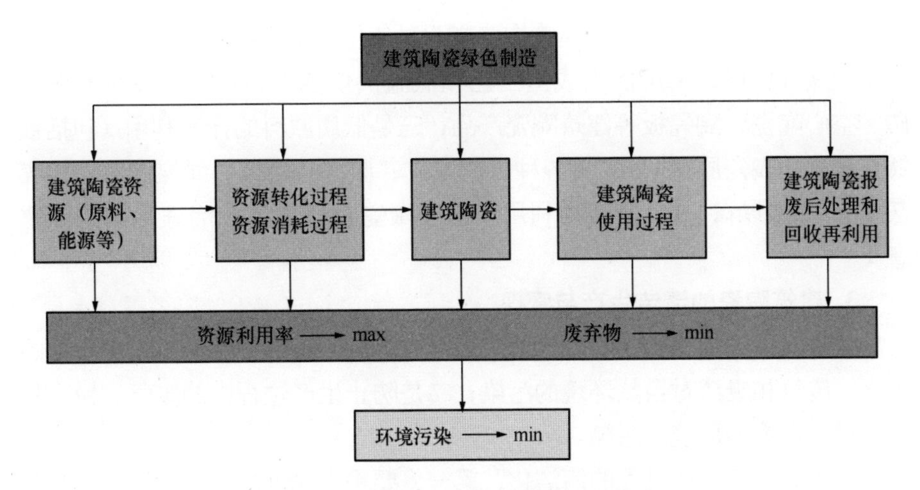

图 4-2　建筑陶瓷绿色制造资源主线论

4.2　建筑陶瓷绿色制造技术及绿色工厂的评价

4.2.1　建筑陶瓷绿色制造技术

建筑陶瓷工业是资源能源依赖型的产业，产业的快速发展与资源、能源、环境的矛盾日益尖锐，绿色发展、节能减排的任务非常艰巨。

1. 建筑陶瓷产品的绿色化

目前，我国建筑陶瓷产品的规格尺寸多、功能较少，通体砖、抛光砖所占比重仍较大，这与绿色化背道而驰。一是应鼓励引导建筑陶瓷产品结构向釉面砖、免于后期加工、减薄轻量化等方向进行优化调整；二是开发具有应急、安全、节能、装饰等新功能的建筑陶瓷产品，如蓄光发光、抗静电、保温隔热、透水、地面耐磨防滑、陶瓷板饰面复合材料及部件建筑陶瓷等产品；三是可从建筑陶瓷产品釉面的硬度、耐磨性、防水解性能，以及产品的抗后期龟裂性、抗冻性、坯釉及中间层性能匹配性等方面，进一步提高建筑陶瓷产品的质量和性能稳定性，延长产品的使用寿命，也是绿色化的重要方向。

2. 建筑陶瓷资源的保护与合理利用

自 20 世纪末以来，我国建筑陶瓷产业飞速发展，给传统建筑陶瓷原料资源的耗竭敲响了警钟。建筑陶瓷资源的保护与合理利用主要有：一是保护和合理利用优质陶瓷资源是建筑陶瓷产业绿色化的重要内容之一；二是利用红土类陶瓷原料，采用挤出成型工艺和低温快烧技术，积极开发生产劈离砖、空心陶瓷、陶瓷板等建筑陶瓷产品；三是低质原料的开发利用（包括铁钛含量高的陶瓷原料），以及各种工业尾矿、废渣、垃圾，如煤矸石、粉煤灰、金矿尾砂等，具有废弃物利用、增加陶瓷原料来源和治理污染的双重意义。

3. 建筑陶瓷的清洁生产与管理

建筑陶瓷清洁生产主要包括两个方面内容：一是防止生产过程中产生的废水、废气和废渣对自然环境的污染；二是防止生产过程中的废气、粉尘和噪声对工人劳动环境的污染。

要实现陶瓷生产过程的清洁化，第一，要采用先进的、符合清洁生产要求的生产工艺，尽可能不使用有毒、有害和稀有原料。对环境污染严重的工艺过程进行改进避免污染的产生。第二，推广使用天然气、电等洁净能源，有利于提高产品的质量，提高燃烧效率，减少烟尘及有害气体的排放量。或通过煤气发生炉将煤改气或直接使用水煤浆，但应重视对废气治理工作的前移，如选择低硫煤种、煤气净化处理等。第三，淘汰陈旧、落后的生产设备，采用先进的陶瓷生产装备，满足清洁生产工艺的要求。第四，对生产过程的废弃物（废水、废渣、粉尘等）要采取有效的处理，如废水的再循环利用、利用废渣为原料生产轻质砖、透水砖等循环利用途径、废气沉降净化再利用。以及对生产过程中的噪声控制与治理，将其对自然环境和劳动环境的污染程度最小化。第五，加强企业管理，完善各项规章制度，提高全体员工的清洁生产意识，避免发生因管理不善造成的环境污染。

4.2.2 建筑陶瓷绿色工厂的评价

推进绿色制造是建筑陶瓷行业转型升级的关键所在，是实现“绿色发展、循环发展、低碳发展”的有效途径，同时也是企业主动承担社会责任、提升企业竞争力和实现可持续发展的必然选择。

中国建筑材料联合会参照《绿色工厂评价通则》(GB/T 36132—2018)，制定了《建筑陶瓷行业绿色工厂评价通则》并完成审定，已向中华人民共和国工业和信息化部提交了送审稿。

建筑陶瓷行业绿色工厂应在保证产品质量以及制造过程中人的职业健康安全的前提下，从设计、原料、生产、采购、物流等方面引入生命周期思想，优先选用绿色节能工艺、技术和设备，满足基础设施、管理体系、能源与资源投入、产品、环境排放、绩效的综合评价要求，并进行持续改进。建筑陶瓷绿色工厂评价体系框架如图 4-3 所示。建筑陶瓷行业绿色工厂绩效指标的计算方法详见参考文献 39。

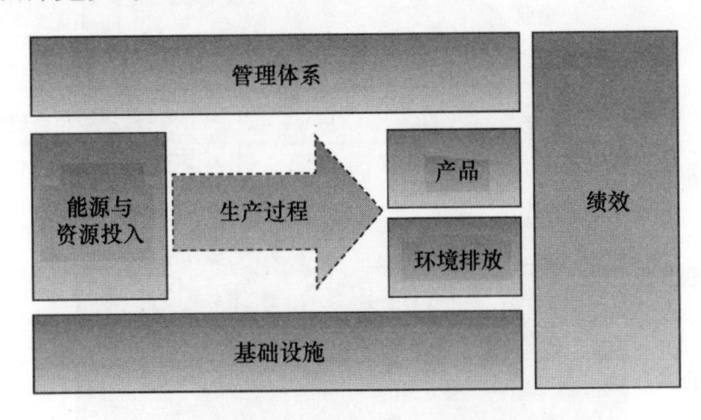

图 4-3　建筑陶瓷绿色工厂评价体系框架

4.3　建筑陶瓷智能制造体系

在当今大数据、云计算和互联网环境下，亟待借鉴美国智能制造计划和德国“工业 4.0”的经验，结合我国建筑陶瓷生产的现状，利用网络化、数字化、智能化等技术，构建我国建筑陶瓷智能工厂的建设体系。

依据国家工业和信息化部和国家标准化管理委员会对智能制造的定义，结合建筑陶瓷制造的特点，对建筑陶瓷智能制造及其架构进行定义。

4.3.1　建筑陶瓷智能制造的定义

建筑陶瓷智能制造是基于新一代信息通信技术与智能制造技术深度融合，贯穿设计、生产、物流、销售、管理等制造活动的各个环节，具有自感知、自学习、自决策、自执行、自适应等功能的新型生产方式。

4.3.2　建筑陶瓷智能制造的架构

建筑陶瓷智能制造的架构从生命周期、系统层级和智能特征三个维度对智能制造所涉及的活动、装备、特征等内容进行描述，主要用于明确智能制造的标准化需求、对象和范围，指导建筑陶瓷智能制造标准体系建设。建筑陶瓷智能制造的架构如图 4-4 所示。

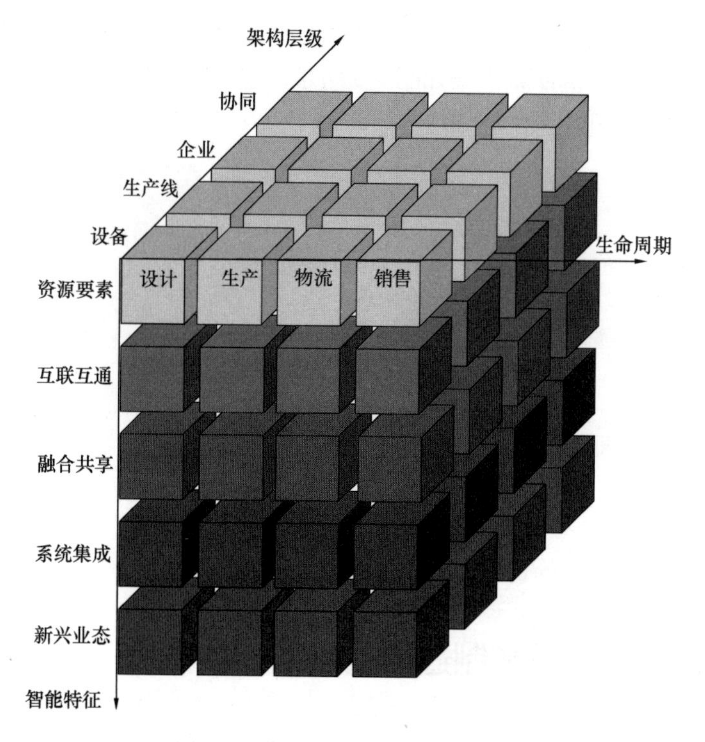

图 4-4　建筑陶瓷智能制造的架构

1. 生命周期

生命周期是指从建筑陶瓷产品原型研发开始到产品至市场终端的各个阶段，包括设计、生产、物流、销售等一系列相互联系的价值创造活动。生命周期的各项活动可进行迭代优化，具有可持续发展等特点。

（1）设计是指根据建筑陶瓷企业的所有约束条件以及所选择的技术对建筑陶瓷产品的需求进行设计、研制等的研发活动过程；

（2）生产是指通过劳动创造所需要的物质资料的过程；

（3）物流是指建筑陶瓷产品从供应地向接收地的实体流动过程；

（4）销售是指建筑陶瓷产品从企业转移到客户手中的经营活动过程。

2. 架构层级

架构层级是指与陶瓷企业生产活动相关的组织结构的层级划分，包括设备层、生产线层、企业层和协同层。

（1）设备层是指建筑陶瓷企业利用传感器、仪器仪表、机械设备或装置等，实现实际陶瓷生产流程并感知和操控陶瓷生产工艺参数的层级；

（2）生产线层是用于生产线内处理信息、实现监测和控制物理流程，实现面向生产管理的层级；

（3）企业层是实现面向建筑陶瓷企业经营管理的层级；

（4）协同层是建筑陶瓷企业实现其内部和外部信息互联和共享过程的层级。

3. 智能特征

智能特征是指基于新一代信息通信技术使制造活动具有自感知、自学习、自决策、自执行、自适应等一个或多个功能的层级划分，包括资源要素、互联互通、融合共享、系统集成和新兴业态等五层智能化要求。

（1）资源要素是指建筑陶瓷企业对生产时所需要使用的资源或工具进行数字化过程的层级；

（2）互联互通是指通过有线、无线等通信技术，实现装备之间、装备与控制系统之间、建筑企业之间相互连接功能的层级；

（3）融合共享是指在互联互通的基础上，利用云计算、大数据等新一代信息通信技术，在保障信息安全的前提下，实现信息协同共享的层级；

（4）系统集成是指建筑企业实现智能装备到智能生产单元、智能生产线、智能车间、智能工厂，乃至智能制造系统集成过程的层级；

（5）新兴业态是建筑企业为形成新型产业形态进行企业间价值链整合的层级。

4.3.3 建筑陶瓷智能制造体系

建筑陶瓷智能制造体系结构包括“A 基础共性”“B 关键技术”和“C 建筑陶瓷标准”等三个部分，主要反映智能制造体系各部分的组成关系。建筑陶瓷智能制造体系结构如图 4-5 所示。

“A 基础共性”包括通用、安全、可靠性、检测、评价等五大类，位于建筑陶瓷智能制造体系结构图的最底层，其研制的基础共性支撑着制造体系结构图上层虚线框内“B 关键技术”和“C 建筑陶瓷标准”。

“B 关键技术”是智能特征维度在生命周期维度和系统层级维度所组成制造平面的具体体现。其中“BA 智能生产”对应智能特征维度的资源要素，“BB 智能运营”和“BC 智能服务”对应智能特征维度的系统集成，“BD 智能决策”对应智能特征维度的新兴业态，“BE 智能使能技术”对应智能特征维度的融合共享，“BF 工业互联网”（智能网络架构）对应智能特征维度的互联互通。

“C 建筑陶瓷标准”面向建筑陶瓷行业的具体需求，位于智能制造标准

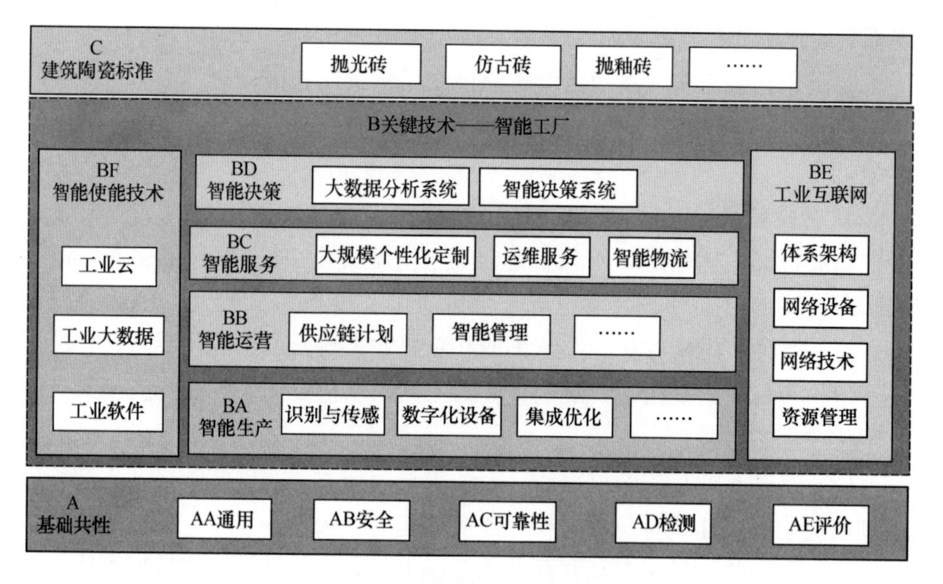

图 4-5　建筑陶瓷智能制造体系结构图

体系结构图的最顶层，对“A 基础共性”和“B 关键技术”进行细化和落地，指导建筑陶瓷企业推进智能制造。

建筑陶瓷智能制造体系结构（图 4-5）中明确了智能制造的规范化需求，与建筑陶瓷智能制造的架构（图 4-4）具有映射关系。以大规模个性化定制模块化设计规范为例，它属于智能制造体系结构中“B 关键技术”-“BC 智能服务”中的大规模个性化定制。在建筑陶瓷智能制造系统架构中，它位于生命周期维度设计环节，系统层级维度的企业层和协同层，以及智能特征维度的新兴业态。

4.4　建筑陶瓷智能工厂

1. 建筑陶瓷智能工厂建设目标

建筑陶瓷智能工厂建设的总体目标是：采用成熟的数字化、网络化、智能化技术，围绕生产管控、设备运行、质量控制、能源供给、安全应急 5 项核心业务，采取关键装置优化控制、计划调度操作一体化管控、能源优化减排、安全风险分级管控及生产绩效动态评估等关键措施，着力提升企业生产管控的感知能力、预测能力、协同能力、分析优化能力及 IT 支撑能力，为企业经营管理综合效益和竞争力提升提供坚实的保障，并能够最终帮助企业实现高效、绿色、安全、最优的管理目标。

2. 建筑陶瓷智能工厂的架构

建筑陶瓷智能工厂是实现建筑陶瓷智能制造的基础与前提，将以“大数据云平台”为基础，保证在标准统一、数据共享、信息安全等的规范下，在信息物理融合系统的支持下，构建智能生产、智能运营、智能服务、智能决策 4 大系统。通过建筑陶瓷企业信息门户实现与供应商、客户、合作伙伴的横向集成，以及建筑陶瓷企业内部的纵向集成，从而实现建筑陶瓷生产的智能化。建筑陶瓷智能工厂的架构设计如图 4-6 所示。

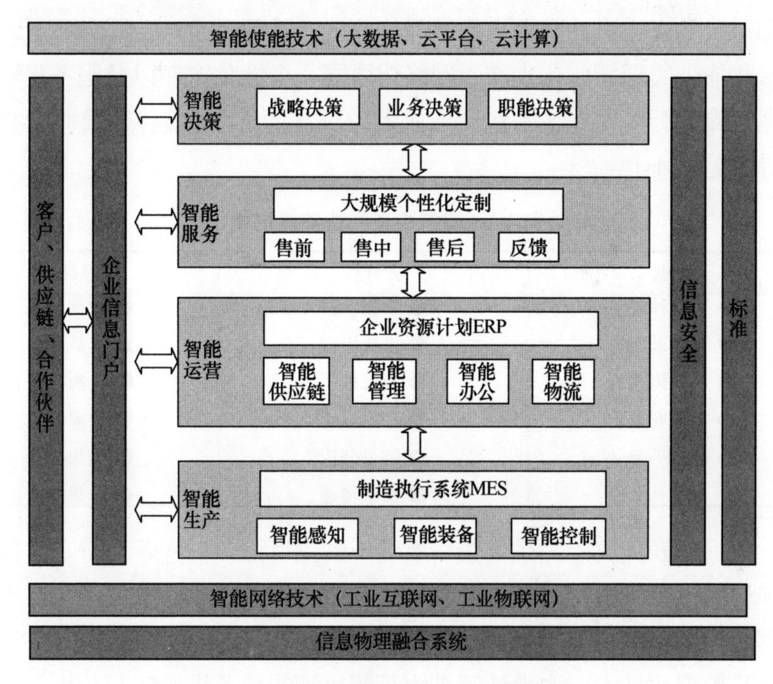

图 4-6　建筑陶瓷智能工厂的架构设计

智能制造使能技术就是通过该技术的创新，来推动智能制造的创新链下游的产品开发、产业化等环节的实现，包括大数据、云计算等技术。

智能网络架构基于通信网络架构，对各种不同的硬件设备进行链接，实现数据的传递，达到智能制造需要的效果，包括工业互联网、工业物联网等技术。

信息物理融合系统是建筑陶瓷智能工厂物互联的基础。通过物联网、服务网，将企业设施、设备、组织、人进行互联互通，集计算机、通信系统、感知系统、控制系统于一体，实现对建筑陶瓷生产物理世界的安全、可靠、实时、协同感知和控制。其特征是：环境感知性、自愈性、异构性、开放性、可控性、移动性、融合性和安全性。

4.5 建筑陶瓷智能使能技术

建筑陶瓷智能化过程中，需要以智能使能技术和智能网络技术为基础，整合当前陶瓷行业数据以及各种智能化技术，将大量建筑陶瓷生产、管理、运营和建筑陶瓷本身的数据进行处理、分析，从而对生产、服务、运营和决策进行赋能，实现智能化生产、网络化协同、个性化定制以及服务化转型。

建筑陶瓷智能使能技术包括工业大数据（简称大数据）、云计算和边缘计算等，见表 4-1。

表 4-1 建筑陶瓷智能使能技术

大数据	云计算	边缘计算
● 数据种类	● 数据接口	● 数据接口
● 数据采集	● 人机界面	● 人机界面
● 数据传递	● 分析模型	● 分析模型
● 数据安全	● 专家系统	● 专家系统
● 数据平台	● 结果分析	● 结果分析
	● 结果传递	● 结果传递

大数据与云计算的关系就像一枚硬币的正反面一样密不可分。大数据无法用单台的计算机进行处理，必须采用分布式计算架构。它的特色在于对海量数据的挖掘，但它必须依托云计算的分布式处理、分布式数据库、云存储和（或）虚拟化技术。边缘计算是为了解决智能装备现场实时分析、及时处理的技术。

4.5.1 大数据

1. 大数据的概念

大数据（Big Data）又称为巨量资料，是指规模庞大且复杂，以至于很难用现有数据库管理工具或数据处理应用来处理的数据集。需要新处理模式才能具有更强的决策力、洞察力和流程优化能力的海量、高增长率和多样化的信息资产。

大数据技术的战略意义不在于掌握庞大的数据信息，而在于对这些含有意义的数据进行专业化处理。建筑陶瓷智能制造大数据 IT 架构以建筑陶瓷智能制造过程的业务需求为导向，基于建筑陶瓷智能制造系统的业务架构，规划建筑陶瓷工业数据、技术和应用（平台）架构，以搭建面向建筑陶瓷多业务领域、贯通多组织和应用层次的大数据 IT 架构，如图 4-7 所示。

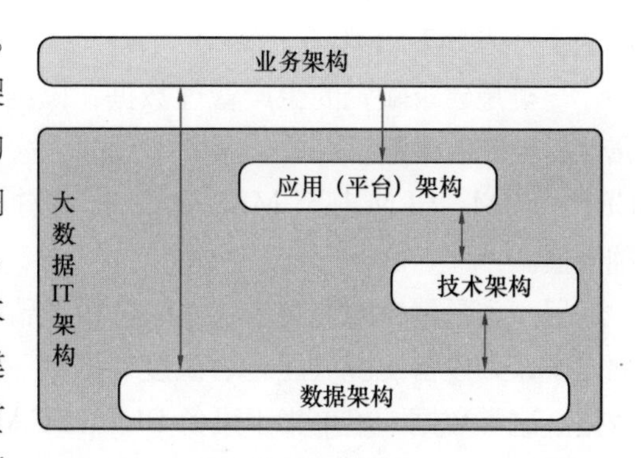

图 4-7　建筑陶瓷智能制造大数据 IT 架构

建筑陶瓷智能制造大数据应用的目标是构建建筑陶瓷生产全流程、全环节和全生命周期的数据链。大数据在实际应用中主要涉及数据源、数据收集与信息集成、数据处理与管理和典型应用场景等 4 个层次，如图 4-8 所示。

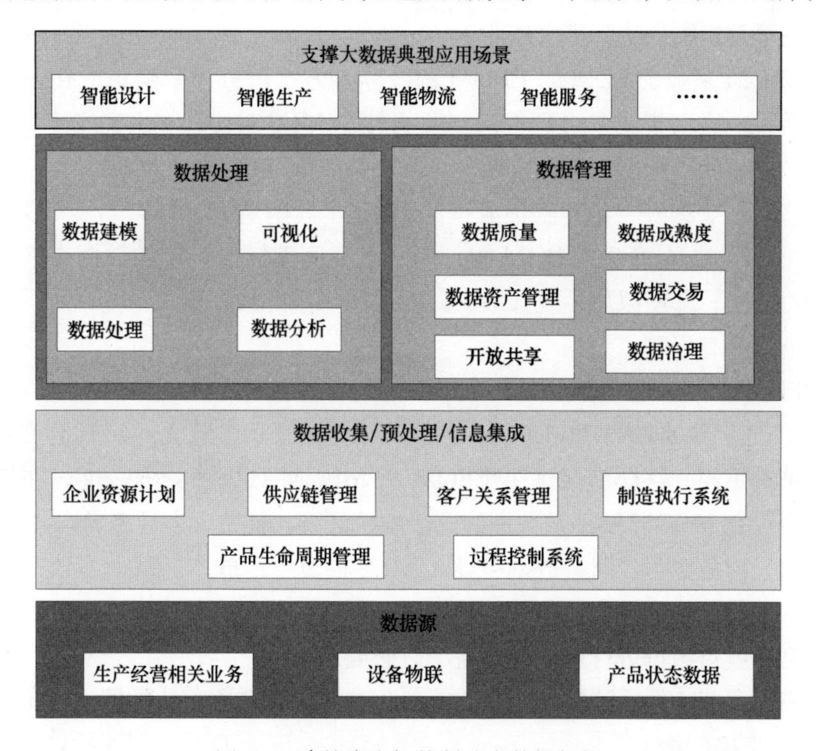

图 4-8　建筑陶瓷智能制造大数据架构

2. 建筑陶瓷企业大数据的类型

建筑陶瓷工厂在智能化过程中，每个环节都会引入大量的数据，这些数据主要分为以下两类：

一类是建筑陶瓷的生产管理数据，以结构化的 SQL 数据为主，如产品属性、生产、采购、订单、服务等数据。这类数据一般来自建筑陶瓷企业的 ERP、SCM、PLM 甚至 MES 等系统，数据量本身不大，却具有很大的挖掘价值。

另一类是建筑陶瓷装备状态信息和产品状态信息，以非结构化、流式数据居多，如设备工况（压力、温度、振动、应力等）、音视频、日志文本等数据。这类数据一般采集于设备 PLC、SCADA 以及部分外装传感器，具有数据量大、采集频率高，需要结合边缘计算在本地平台做一些预处理。

具体数据类型如下：

（1）产品 BOM。主要分 EBOM（产品的设计）和 MBOM（产品的制造）两种。EBOM 体现建筑陶瓷产品组成结构，可用来生成建筑陶瓷产品物料需求计划。MBOM 体现建筑陶瓷产品的制造过程，可用来生成作业计划，指导建筑陶瓷实际生产作业。

EBOM 来源于 PDM 的 EBOM 树，导入方式可分为紧密集成和非紧密集成两种。紧密集成型的 EBOM 数据直接与 MES 对接，利用集成接口导入所需数据，使用简便，但开发量大，两个系统间互相影响，如果以后系统升级可能会影响集成。非紧密集成型的 EBOM 数据由 PDM 中导出生成中间文件，再导入 MES 生成 BOM 树，两个系统间无任何直接的数据交换，开发相对容易；即使以后系统升级，只要导入导出的数据格式不变，对系统运行也就不会有影响。

PDM 中可以建立单独的 MBOM 树（有些甚至还有计划 BOM、采购 BOM、工艺 BOM 等）和 EBOM 使用同一套图纸和工艺文件，只是节点的组成结构不同，这样就保证了 EBOM 和 MBOM 数据源的唯一性。在其他系统中建立 MBOM 要涉及数据的同步维护问题，耗费人力且容易出错。

（2）财务数据。财务数据可导入 MES 核算生产成本。从很多建筑陶瓷企业实施信息化项目的经验看，数据对项目成功与否影响很大，因此在项目建设之初就对数据进行规划和准备十分必要。

（3）工艺文件。建筑陶瓷企业一般工艺流程比较固定，数量也少，可在 MES 中直接创建。

工艺流程中的工序名称一般要求标准化，这样系统可以按照工序自动派工、核算评估工序产能及对工序进行属性定义。

（4）生产计划和库存数据。生产计划一般在 ERP 中产生，通过集成接口导入MES执行，完成状态再返回ERP。若没有ERP，也可在MES中直接生成生产计划。MES可与物资库存管理系统集成，计划产生时自动读取库存数据扣除可用数量，同时可指导现场作业配料。

(5) 物料清单。物料清单可由MBOM自动生成，在工艺文件中导入，或以物料清单文件形式导入。

(6) 生产工艺等技术文件。出于降低成本以及技术、工艺的需要，所有技术文件均在MES中读取，此时需要把文件导入MES。

(7) 订货数据。订货数据一般来自销售部门，可以由CRM系统导入MES，也可由手工输入。

3. 大数据的采集方式

数据采集方式的突破直接改变了大数据应用的场景，数据采集方式如下：

(1) 传感器。传感器是一种检测装置，能感受到被测量的信息，并能将检测感受到的信息，按一定规律变换成电信号或其他所需形式的信息输出，以满足信息的传输、处理、存储、显示、记录和控制等要求。在建筑陶瓷生产车间中布置许多的传感节点，24h监控整个建筑陶瓷生产过程，属于数据采集的底层环节。

(2) RFID技术获得数据。RFID（Radio Frequency Identification，射频识别）技术是一种非接触式的自动识别技术，通过射频信号自动识别目标对象并获取相关的数据信息。利用射频方式进行非接触双向通信，达到识别目的并交换数据。RFID技术可识别高速运动物体并可同时识别多个标签，操作快捷方便。

RFID技术解决了物品信息与互联网实现自动链接的问题，结合后续的大数据挖掘工作，能发挥其强大的威力。

4. 大数据的安全

在大数据时代下，网络安全与数据安全尤为重要，制造业在转型及创造价值的同时，也面临着严峻的数据安全挑战，数据一旦丢失将面临巨大的损失。

建筑陶瓷企业业务的连续性及数据存储的安全性，提高业务系统的容灾能力，提高灾难应急水平的迫切需求，构建了建筑陶瓷大数据安全体系，见图4-9。大数据的安全是一个永恒话题，需要不断地研究、提升。

(1) 基础共性：为整个大数据安全体系提供包括概念、术语、参考模型等基础标准，明确大数据生态中各类安全角色及相关的安全活动或功能

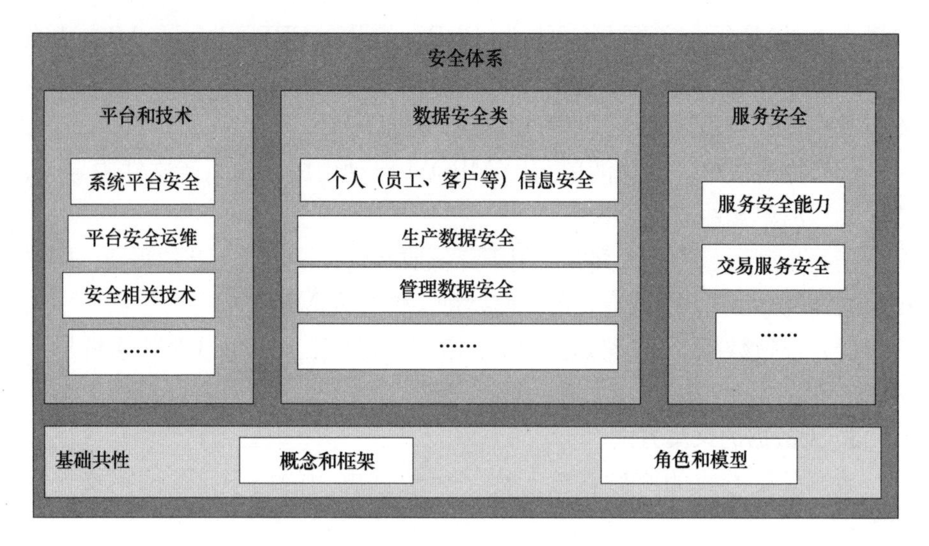

图 4-9　建筑陶瓷大数据安全体系

定义。

(2) 平台和技术：主要针对大数据服务所依托的大数据基础平台、业务应用平台及其安全防护技术、平台安全运行维护及平台管理方面的规范，包括系统平台安全、平台安全运维和安全相关技术三个部分。系统平台安全主要涉及基础设施、网络协同、数据采集、数据存储、数据处理等多层次的安全技术防护。平台安全运维主要涉及大数据系统运行维护过程中的风险管理、系统测评等技术和管理。安全相关技术主要涉及分布式安全计算、安全存储、数据溯源、密钥服务等安全防护技术。

(3) 数据安全类：主要有个人（员工、客户等）信息、生产数据、管理数据等安全管理与技术标准，覆盖数据生命周期的数据安全，包括分类分级、去标志化、数据跨境、风险评估等内容。

(4) 服务安全：主要针对开展大数据服务过程中的活动、角色与职责、系统和应用服务等要素提出相应的服务安全类标准，包括安全要求、实施指南及评估方法。

4.5.2　大数据平台

建筑陶瓷大数据平台（也称工业大数据平台、云平台）不仅涵盖了 IT 网络架构和云计算基础架构等基础设施，专家库、知识库、业务需求库等资源，及安全、隐私等管理功能，还包含大数据实际应用的三个方面，即数据提供方、数据服务消费方和数据服务合作方，如图 4-10 所示。

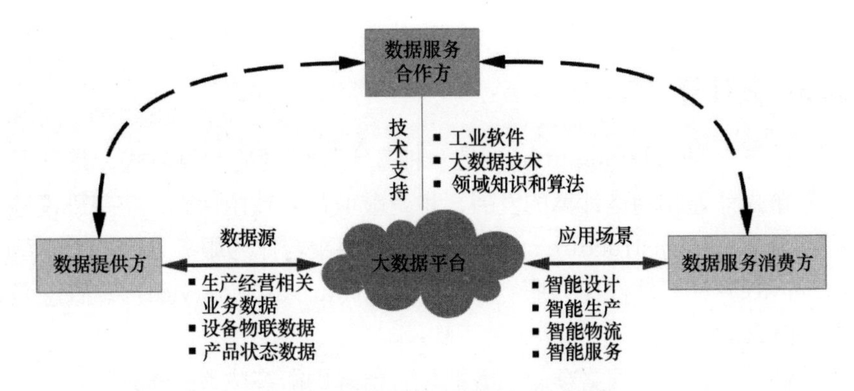

图 4-10　建筑陶瓷大数据平台架构

智能工厂的首要条件就是各环节（各工序）数据（传感器数据）的互联、互通和共享。为了实现此目的，定义一个既能够代表智能制造发展方向，又符合建筑陶瓷生产企业需求的数据统一化标准平台至关重要。如此可以破除因各厂家设备接口、数据标准不一致，无法真正实现联通、互通的现状。

本书结合建筑陶瓷行业的特点，同时兼顾当前其他主流工业智能行业的发展趋势和现状，提出了一种三层次的数据标准化通用平台（框架），如图 4-11所示，为后续建筑陶瓷行业的标准化之路提供指导。

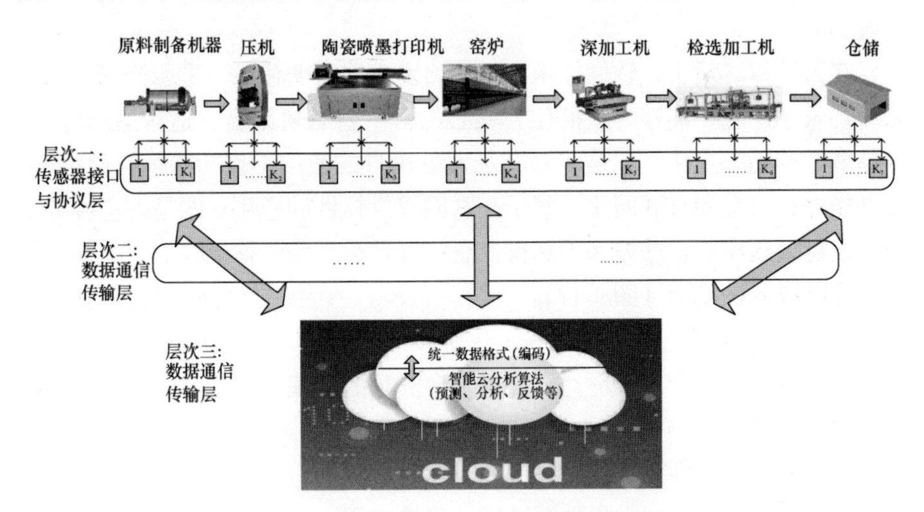

图 4-11　智能工厂的数据标准化平台

建筑陶瓷智能工厂数据可以按照三个层次流转：①层次一：对接设备的接口及其相关协议；②层次二：基于数据的网络通信传输标准；③层次三：

基于网络云端的统一数据格式（编码），以便实现数据的共享和互通。

4.5.3 云计算

云计算（Cloud Computing）是一种基于互联网的计算方式，是并行计算、分布式计算和网格计算的发展，也是虚拟化、效用计算，将基础设施作为服务 IaaS（Infrastructure as a Service）、将平台作为服务 PaaS（Platform as a Service）和将软件作为服务 SaaS（Software as a Service）等概念混合演进并跃升的结果。

云计算是融合了网络存储、虚拟化、负载均衡等技术的新兴产物。它将原本需要由个人计算机和私有数据中心执行的任务，转移给具备专业存储和计算技术的大型计算中心来完成，实现了计算机软件、硬件等计算资源的充分共享。企业或个人不再需要花费大量的费用在基础设施的购买上，更不需要花费精力对软硬件进行安装、配置和维护，这些都将由云计算服务商 CSP（Cloud Service Provider）提供相应的服务。云计算的服务商拥有大数据存储能力和计算资源，被视为外包信息服务的最佳选择。

本书提出的云计算是一种用于建筑陶瓷企业自身的计算模型，它将计算任务分布在建筑陶瓷企业内大量计算机或服务器所构成的资源池上，使得建筑陶瓷企业能够将资源切换到需要的应用上，并根据需求访问计算机和存储系统。

在云计算环境下，软件技术、架构将发生显著变化。一是所开发的软件必须与云相适应，能够与虚拟化为核心的云平台有机结合，适应运算能力、存储能力的动态变化；二是能够满足大量用户的使用，包括数据存储结构、处理能力；三是要互联网化，基于互联网提供软件的应用；四是安全性要求更高，可以抗攻击，并能保护私有信息；五是可工作于移动终端、手机、网络计算机等各种环境（图 4-12）。

说明：

（1）云管理平台：实现对云计算平台资源的管理、硬件及应用系统的性能和故障监控。

（2）分布式文件系统：可扩展的支持海量数据的分布式文件系统，用于大型的、分布式的、对大量数据进行访问的应用。它运行于廉价的普通硬件上，提供容错功能（通常保留数据的 3 份拷贝），典型技术为 GFS/HDFS/KFS 以及中国移动提出的 Hyper DFS 。

（3）大规模并行计算：在分布式并行环境中将一个任务分解成更多份细

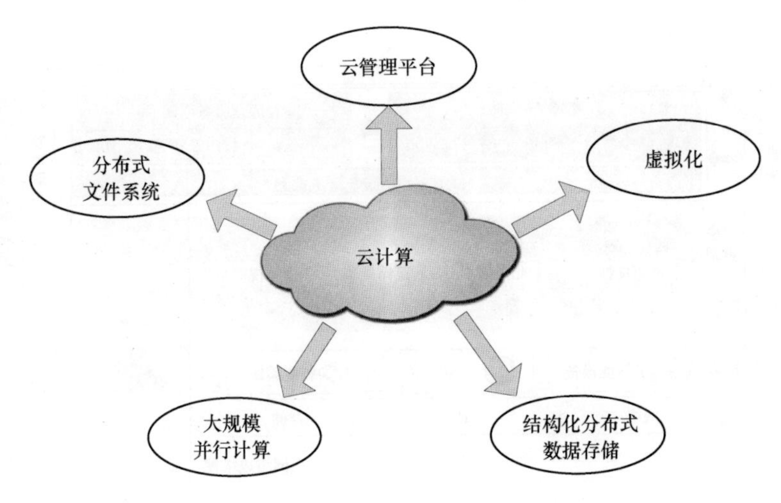

图 4-12　云计算的技术框架

粒度的子任务，这些子任务在空闲的处理节点之间被调度和快速处理之后，最终通过特定的规则进行合并生成最终的结果。典型技术为 Map Reduce 。

(4) 结构化分布式数据存储：类似文件系统采用数据库来存储结构化数据，云计算也需要采用特殊技术实现结构化数据存储。典型技术为 Big Table /Dynamo以及中国移动提出的 Huge Table。

(5) 虚拟化：即资源的抽象化，实现单一物理资源的多个逻辑表示，或者多个物理资源的单一逻辑表示。

通过构建不同的数学模型，利用大数据平台的数据进行计算、分析、决策的技术，一是可实现建筑陶瓷生产的全局工艺优化，进一步节省能源消耗率，提升资源利用率，实现建筑陶瓷智能工厂更智能化的运营；二是可系统性分析由条件监控传感器（如生产要求变更、湿度、温度等）采集自装备和产品数据，并进行动态生产控制，满足个性化生产需要；三是可对整个供应链的上游、下游提供精准的服务；四是可为企业上层提供精确的决策依据。

4.5.4　边缘计算

边缘计算是指在靠近物或数据源头的网络边缘侧，融合网络、计算、存储、应用核心能力的开放平台，就近提供边缘智能服务，以满足企业数字化在实时业务、数据优化、安全与隐私管理等方面的关键需求。

建筑陶瓷智能制造模型中拥有大量的端设备，需要构建边缘计算模型进行实时分析、处理、决策，其架构如图 4-13 所示。

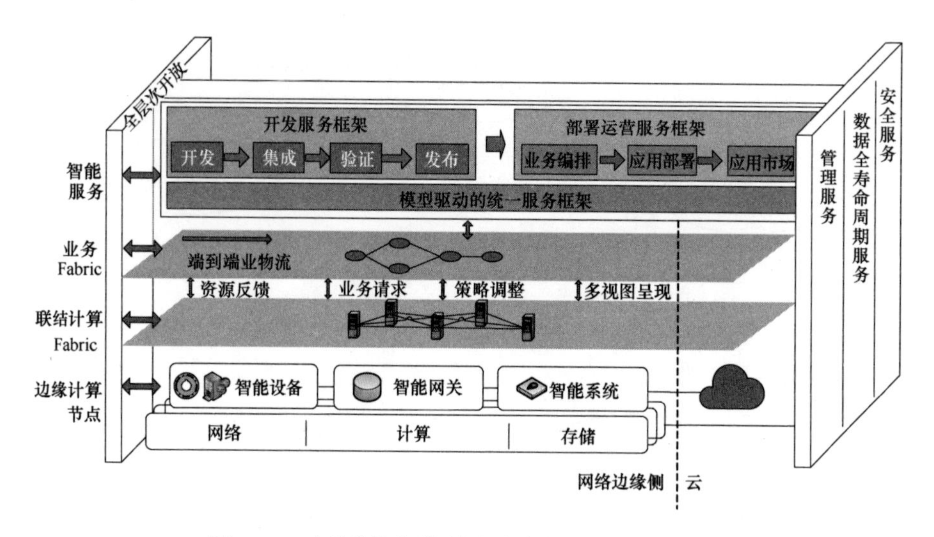

图 4-13　建筑陶瓷智能制造系统中边缘计算的架构

从建筑陶瓷智能制造系统中边缘计算架构的横向层次来看，具有如下特点：

（1）智能服务基于模型驱动的统一服务框架，通过开发服务框架和部署运营服务框架实现开发与部署智能协同，能够实现软件开发接口一致和部署运营自动化；

（2）智能业务编排通过业务 Fabric 定义端到端业务流，实现业务敏捷；

（3）联结计算 CCF（Connectivity and Computing Fabric）实现架构极简，对业务屏蔽边缘智能分布式架构的复杂性；实现 OICT 基础设施部署运营自动化和可视化，支撑边缘计算资源服务与行业业务需求的智能协同；

（4）智能 ECN（Edge Computing Node）兼容多种异构联结，支持实时处理与响应，提供软硬一体化安全等；

（5）边缘计算架构在每层提供了模型化的开放接口，实现了架构的全层次开放。

建筑陶瓷智能制造系统中边缘计算架构通过纵向管理服务、数据全生命周期服务、安全服务，实现业务的全流程、全生命周期的智能服务。

4.5.5　云计算与边缘计算的关系

云计算与边缘计算是建筑陶瓷企业数字化、智能化转型的两大重要支撑，两者在网络、业务、应用、智能等方面的协同将有助于支撑行业数字化转型更广泛的场景与更大的价值创造。边缘计算与云计算协同点见表 4-2。

表 4-2　边缘计算与云计算协同点

协同点	边缘计算	云计算
网络数据聚合	（TSN+OPC UA）	数据分析
业务	Agent	业务编排
应用	微应用	应用生命周期管理
智能	分布式推理	集中式训练

云计算适用于非实时、长周期数据、业务决策场景，而边缘计算在实时性、短周期数据、本地决策等场景方面有不可替代的作用。在建筑陶瓷智能制造系统中，边缘计算与云计算的关系如图 4-14 所示。

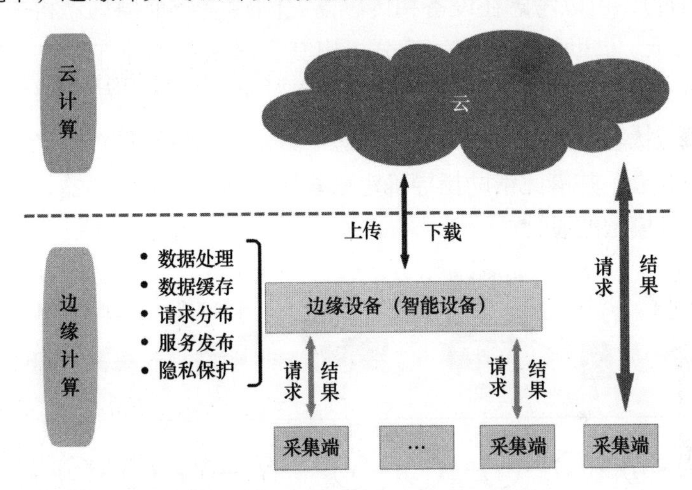

图 4-14　云计算和边缘计算的关系图

1. 边缘计算与云计算互为补充

边缘计算作为物联网的“神经末梢”，提供了计算服务需求较快的相应速度，直接在边缘设备或边缘服务器中进行数据处理。云计算作为物联网的“大脑”，会将大量边缘计算无法处理的数据进行存储和处理，同时会对数据进行整理和分析，并反馈到终端设备，增强局部边缘计算计算能力。

2. 边缘计算与云计算协同发展

在边缘设备上进行计算和分析的方式有助于降低关键应用的延迟、降低对云的依赖，能够及时地处理物联网生成的大量数据；同时结合云计算特点对物联网产生的数据进行存储和自主学习，使物联网设备不断更新升级。

4.5.6 智能分析算法

本书将结合人工智能的发展趋势，根据自身对建筑陶瓷行业的理解，给出几种有利于智能工厂发展的智能化技术方向，以指导智能技术在建筑陶瓷行业的应用，为真正的智能工厂的建设提供一些技术思路。

1. 智能数据分析和隐状态挖掘技术

借助隐马尔科夫链等数据分析工具挖掘这些数据后面是否存在更重要的隐状态，可帮助提高预测准确度，并指导后续在何处增加传感器，把隐状态显性化，并指导在相应的位置增加传感器，提高预测精度十分关键。

以窑炉为例，当依托目前传感器数据无法准确预测产品状态时（或是预测不准确时），可以考虑在设备和传感器之间建立一个隐马尔科夫模型，如图 4-15 所示。借助维特比算法等分析出其后隐状态的排布状态，将“隐藏状态”定义为设备的真实状态；“观察状态”定义为对应传感器给出的数据，设置“隐藏状态”数量超过“观察状态”数量，以便挖掘更多当前传感器之外的隐藏变量，并借此帮助指导确定哪些环节需要增加传感器，协助后续完成准确预测模型的设计。

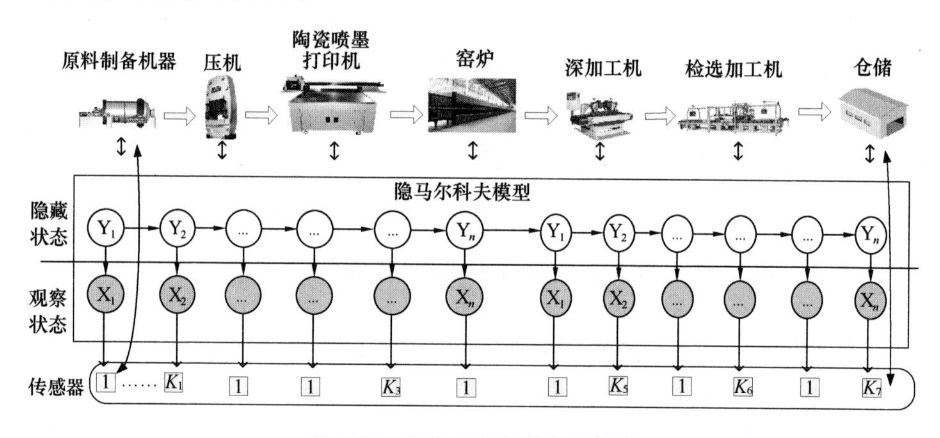

图 4-15 隐状态挖掘模块示意图

2. 智能预测技术

有时直接利用传感器在线监控每个环节产品状态的难度较大，本书设计一种智能预测技术的需求随即提出，即给出一种能够根据已获得的生产线前端传感器数据准确的预测后续某个环节的产品状态和质量，以便实现每个状态的虚拟监控。

以窑炉烧成为例，如图 4-16 所示。目前对窑炉前端实时监控坯体的质量难度较大，所以可借助原料的生产数据、压机成型等进窑坯体的各种类型大数据来准确预测当前的坯体状态，以取代真正的坯体在线检测环节。如此，一方面可以实现检测的功能；另一方面提前预测也为后端处理预留了充分的时间，保证了实时性。

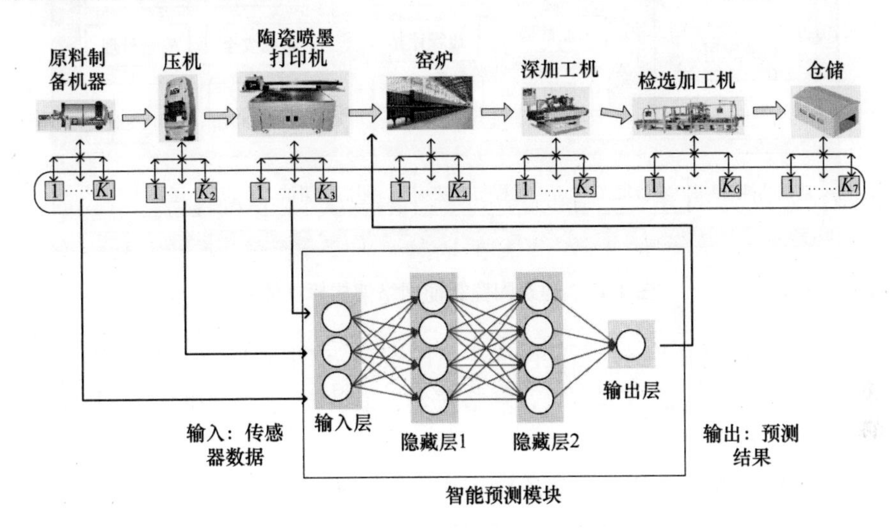

图 4-16　智能预测模块示意图

4.6　建筑陶瓷智能网络架构

4.6.1　建筑陶瓷智能制造网络架构标准体系

建筑陶瓷生产过程数据处理涉及数据量大、类型多并且传输方式多样，必须通过智能网络技术进行传输。

基于综合标准化工作方法以及标准化的需求分析，构建了建筑陶瓷智能网络架构标准体系，如图 4-17 所示。

(1) 基础共性：用于统一智能网络平台的术语、相关概念，帮助各方认识和理解智能网络平台，为其他各部分标准的制定提供支撑。其包括术语定义、过程与方法、评估与测试、运营等。

(2) 核心技术：用于规范智能网络平台的设计、开发和实现，指导技术研发、测试验证等。其包括互联互通、工业 APP、工业数据、边缘计算、平台等技术要求。

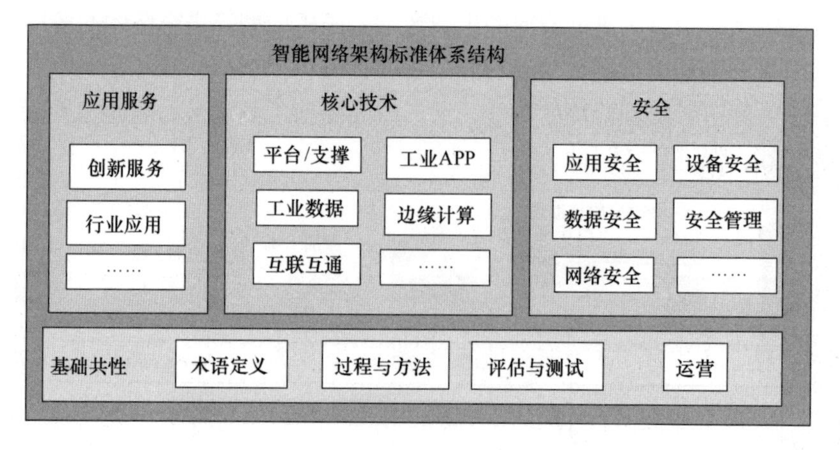

图 4-17 建筑陶瓷智能网络架构标准体系

(3) 安全：用于提升智能网络平台的安全防护能力，规范智能网络平台的安全管理。其包括数据安全、网络安全、设备安全、应用安全以及安全管理等。

(4) 应用服务：用于指导不同应用场景、不同行业，制定应用软件开发和使用标准，为行业提供导则。其包括创新服务、行业应用指南等。

4.6.2 建筑陶瓷智能网络架构支撑体系

建筑陶瓷智能网络架构平台位于建筑陶瓷智能制造系统生命周期的所有环节，建筑陶瓷智能网络架构平台是面向建筑陶瓷制造数字化、智能化、网络化需求，构建基于海量数据采集、汇聚、分析的服务体系，支撑建筑陶瓷制造资源泛在连接、弹性供给、高效配置的工业云平台，包括边缘、平台(工业 PaaS)、应用三大核心层级之间数据传输。

图 4-18 表示建筑陶瓷智能制造系统中，智能网络架构保障是智能使能技术的实现。智能网络架构体系中主要有以下部分：

1. 数据集成与边缘处理技术

(1) 设备接入：基于工业以太网、工业总线等工业通信协议，以太网、光纤等通用协议，3G/4G、NB-IOT 等无线协议等将工业现场设备接入平台边缘层。

(2) 协议转换：一方面运用协议解析、中间件等技术兼容 ModBus、OPC、CAN、Profibus 等各类工业通信协议和软件通信接口，实现数据格式转换和统一。另一方面利用 HTTP、MQTT 等方式从边缘侧将采集到的设计传输到云端，实现数据的远程接入。

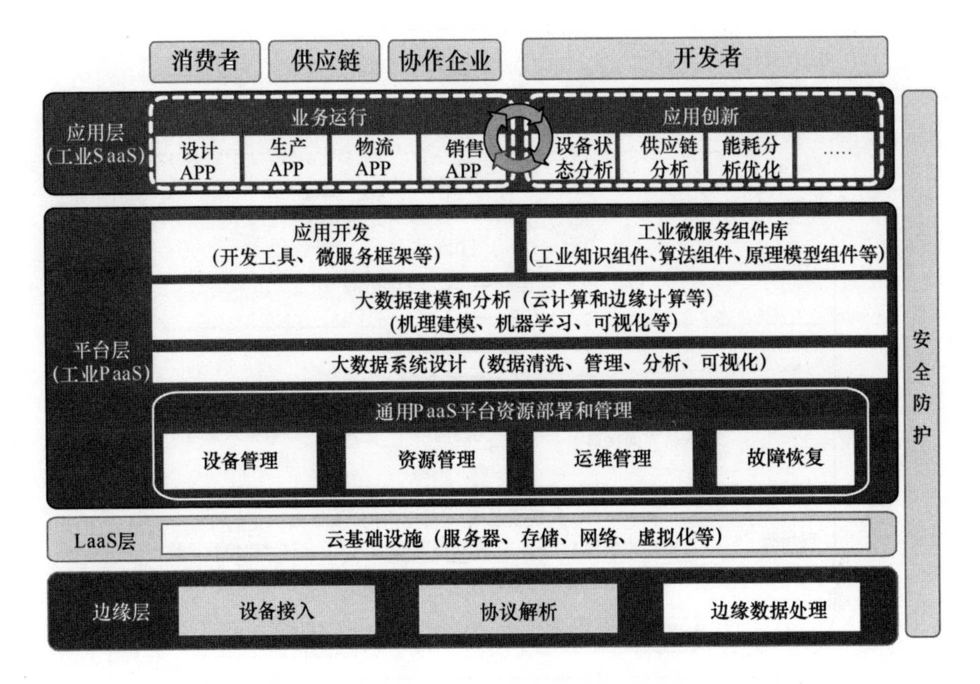

图 4-18　建筑陶瓷智能网络架构支撑体系

2. IaaS（Infrastructure as a Service，即基础设施即服务）技术

基于虚拟化、分布式存储、并行计算、负载调度等技术，实现网络、计算、存储等计算机资源的池化管理，根据需求进行弹性分配，并确保资源使用的安全与隔离，为用户提供完善的云基础设施服务。

3. 安全防护

（1）数据接入安全：通过工业防火墙技术、工业网闸技术、加密隧道传输技术、防止数据泄露、被侦听或篡改，保障数据在源头和传输过程中安全。

（2）平台安全：通过平台入侵实时检测、网络安全防御系统、恶意代码防护、网站威胁防护、网页防篡改等技术实现智能网络平台的代码安全、应用安全、数据安全、网站安全。

（3）访问安全：通过建立统一的访问机制，限制用户的访问权限和所能使用的计算资源和网络资源实现对大数据云平台重要资源的访问控制和管理，防止非法访问。

建筑陶瓷智能制造系统中智能网络传输系统如图 4-19 所示。

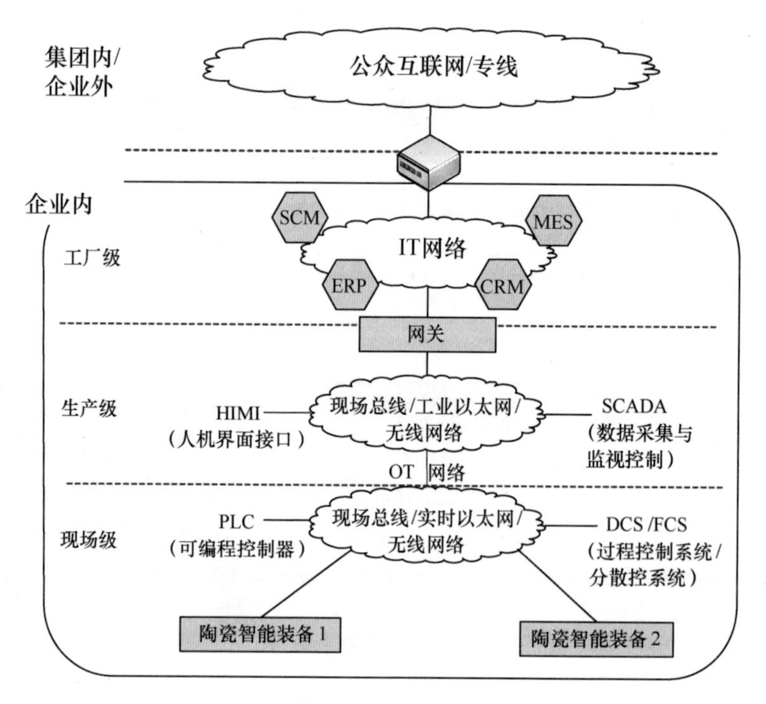

图 4-19　建筑陶瓷智能制造系统网络传输类型

4.6.3　建筑陶瓷智能工厂可视化

由于各种传感器和摄像头需要被应用于监控建筑陶瓷工厂的生产过程，从而达到对生产数据和生产过程状态信息的实时监控。建筑陶瓷智能工厂提供手机等终端的远程接入功能，建筑陶瓷企业相关人员可以通过终端与服务器的远程交互实现对大数据的访问以及对智能工厂的监控等，如图 4-20 所示。

根据传统工厂现有网络特点，充分保护其现有基础网络投资，打造有线无线融合的一体化泛在网络，通过 LTE 系统，实现各种业务的统一承载。由于 LTE 技术能更好地满足智能工厂的无线通信技术要求，包括广覆盖和深覆盖能力可有效实现整厂覆盖，减少投资和维护成本。高带宽和多业务支持可为智能工厂的新业务开展提供长期有效支撑，如办公、安防以及视频监控等。高安全和高可靠特性可有效保证数据安全、保证设备的可靠运行。

为实现可视化、实时化、智能化的生产和管理要求，在信息通信、生产协作、智能管理等领域打造世界一流智能工厂的基础设施，完成工厂 LTE 无线宽带网络、调度系统、视频会议系统、视频监控系统、存储、巡检终端

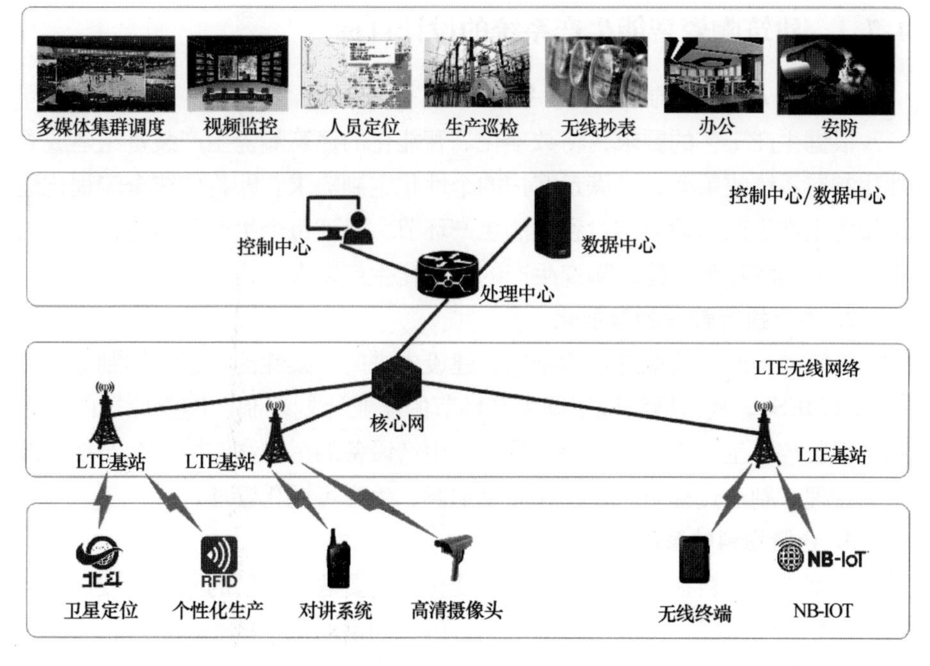

图 4-20　建筑陶瓷智能工厂可视化控制

等设备的布局。

（1）无线视频调度：控制中心指挥人员和站场作业人员能够进行多方视频通话，实现生产调度和应急处理。

（2）无线视频监控：对于不便部署有线网络的厂区，安装无线摄像机，实现远程安防监控和生产管理。

（3）无线定位：通过智能终端、定位系统和 GIS 地图，实时跟踪人员位置信息，保障安全生产。

4.7　建筑陶瓷智能工厂的智能生产

建筑陶瓷智能生产就是使用传感器、智能装备、过程控制、制造执行系统等组成的人机一体化系统，按照建筑陶瓷生产工艺设计要求，实现整个生产制造过程的数字化、智能化，及对生产、设备、质量的异常做出正确的判断和处置，实现生产制造执行与运营管理、智能装备的集成，达到管控一体化。

4.7.1 建筑陶瓷智能生产系统的设计目标

1. 装备/生产线的数字化、智能化

根据生产工艺的要求，将数字化、智能化的建筑陶瓷生产装备组建成柔性化制造系统或单元，以满足客户的个性化定制需求。即将传统全流程化建筑陶瓷生产工艺离散成相对独立的生产环节，保证每个生产环节是柔性化的生产，从而满足整个建筑陶瓷生产的柔性化生产要求。

2. 生产执行管理的智能化

以精益生产、约束理论为指导，建设先进的、柔性的、适用的制造执行系统（MES）。其包括实现不同生产环节的作业计划编制、作业计划的下达和过程监控，生产物料的跟踪和管理、生产设备的运维和监控、生产技术准备的管理、制造过程质量管理和质量追溯、生产可视化管理。

3. 仓储物料的智能化

根据进厂原料在各个生产环节的变化，需要建设进厂的原料、线边物料的自动化仓储系统，解决物料的配送、码垛的自动化、智能化管理，实现物流系统和智能生产系统的全面集成。

4. 生产效益的目标化

通过建筑陶瓷智能装备、智能生产线、智能仓储、智能管理的集成，排除影响生产的一切不利因素，优化生产资源利用、提高设备利用率、提高产品质量、提高交货率、提高生产制造能力和综合管理水平，以提高企业快速响应客户需求的能力和竞争力。

4.7.2 建筑陶瓷智能生产的总体框架

建筑陶瓷智能生产系统在信息物理系统和标准规范的支持下，由智能装备/生产线、智能物料仓储系统和智能制造执行系统等组成，如图 4-21 所示。

为了提高生产及管理的效率，本书构建了扁平化的“云-平台-端”架构的建筑陶瓷智能生产系统，如图 4-22 所示。

建筑陶瓷产品的个性化定制需求主要有品种、图案及花色、规格与形状三大类。产品种类可为抛光砖、抛釉砖、仿古砖等种类，可通过原料的配方和烧成制度等技术与装备进行实现个性化定制和柔性生产。产品图案及花色的改变，可通过料车布料、釉料、丝网印刷、辊筒印刷、喷墨打印等技术与装备进行实现个性化定制和柔性生产。产品规格与形状的改变，可通过更换

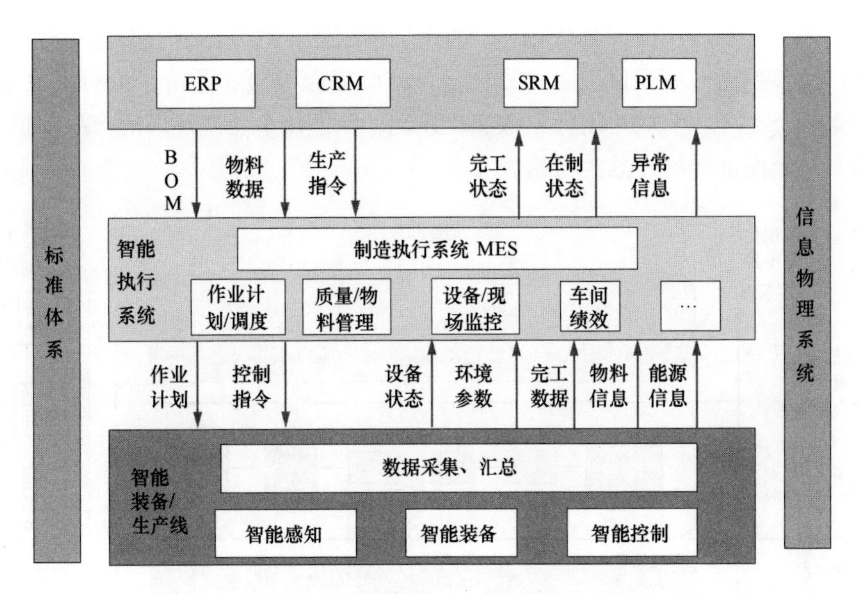

图 4-21　建筑陶瓷智能生产系统的总体框架

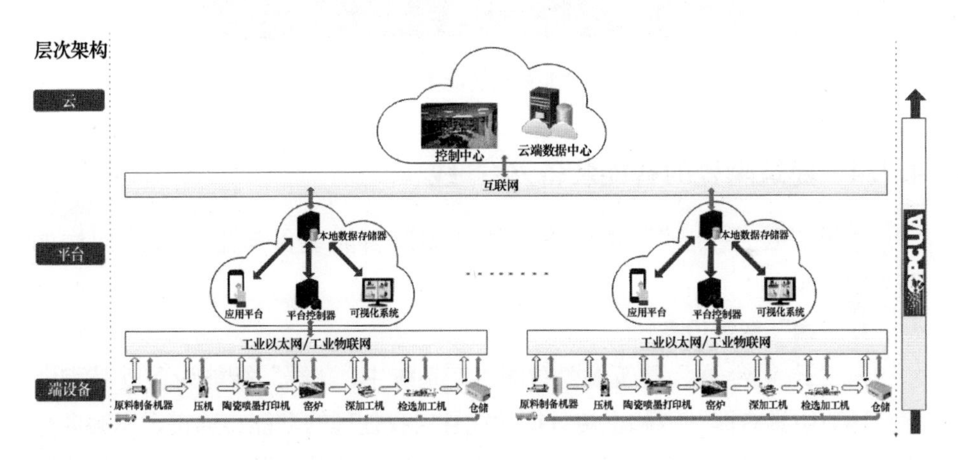

图 4-22　“云-平台-端”架构下的建筑陶瓷智能生产系统

压制模具或大模具压制后切割技术等方式进行实现个性化定制和柔性生产。

4.7.3　建筑陶瓷智能生产的功能框图

建筑陶瓷智能生产是将实际与虚拟制造融合为一体，详见图 4-23。

在虚拟制造中根据设计的产品要求，进行产品工艺设计及产品虚拟制造，并将此过程通过“可视化与中控”进行可视化展现；在实际制造中，将建筑陶瓷每个生产环节中的生产参数和产品参数进行实时检测、监控图像，并将采集信号传输至控制终端和“可视化与中控”部分。一方面将生产参数和产品参数进行可视化显示；另一方面进行综合检验、评价、分析及决策，使得每个生产环节均为闭环、数字化控制，保证每个生产环节的产品都是合格，从而保证最终产品的合格。

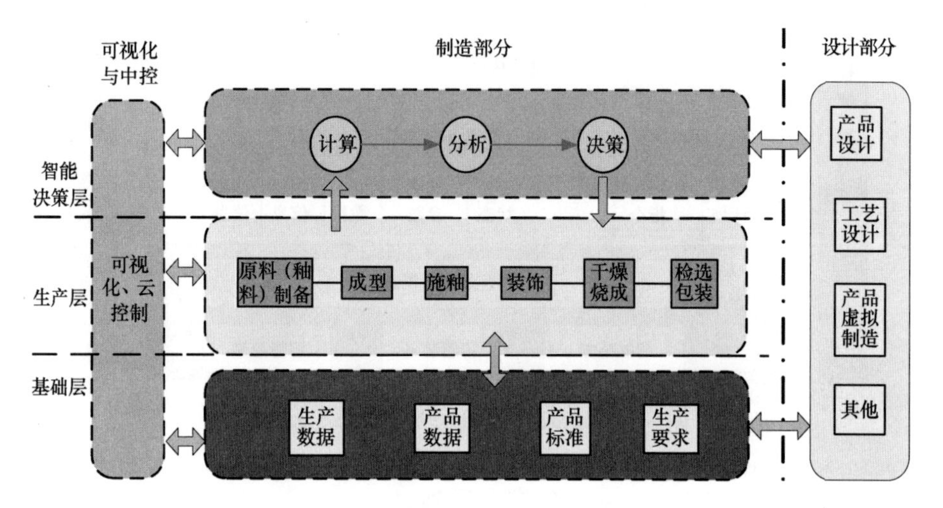

图 4-23　建筑陶瓷智能生产的功能框图

4.7.4　建筑陶瓷的智能装备/生产线

基于“云-平台-端”架构下的建筑陶瓷智能装备与生产线的架构如图 4-24所示。

1. “端”智能设备

在“云-平台-端”建筑陶瓷智能生产系统中，“端”智能设备就是陶瓷生产环节中具有能获取和上传数据功能且自我处理的功能，通过远程服务对本“端”智能设备进行生产工艺参数查询、监测及故障预判、诊断、排除等处理。其数学模型如图 4-25 所示。

“端”设备包括以下 4 个部分：

（1）建筑陶瓷生产装备升级为数字化、可进行计算机远程控制的设备；

（2）具有感知进出物料状态和装备自身状态的传感器；

（3）基于边缘计算，采用闭环控制系统，可通过感知进出物料状态和装备自身的状态进行自我、实时地分析处理；

（4）将生产过程数据上传至本地平台，并接收下达指令后对生产装备进行工艺参数的调整。

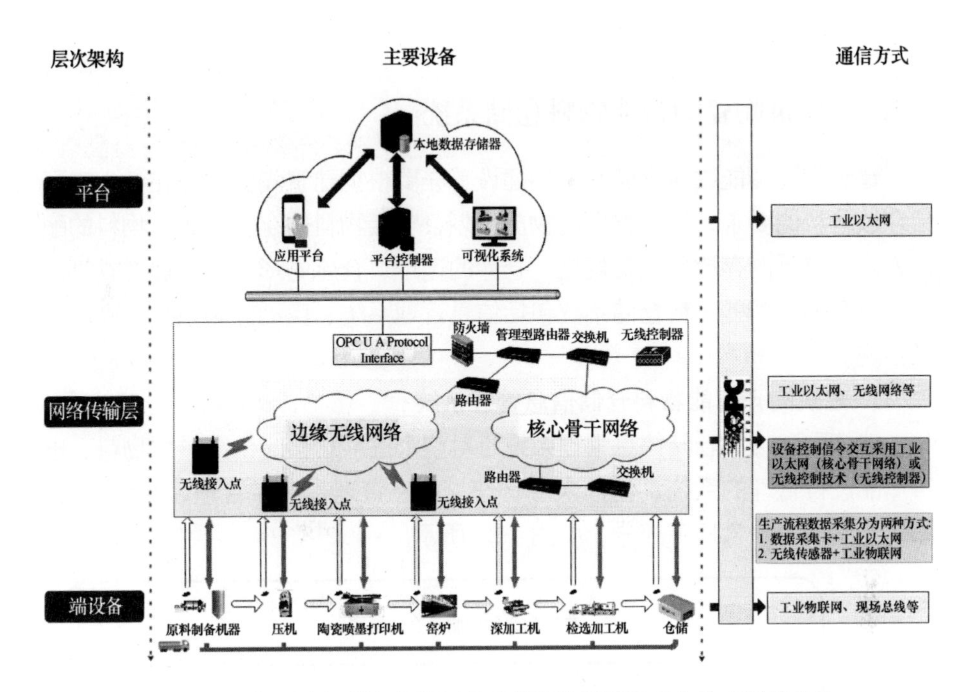

图 4-24　“云-平台-端”架构下的建筑陶瓷智能装备与生产线的架构

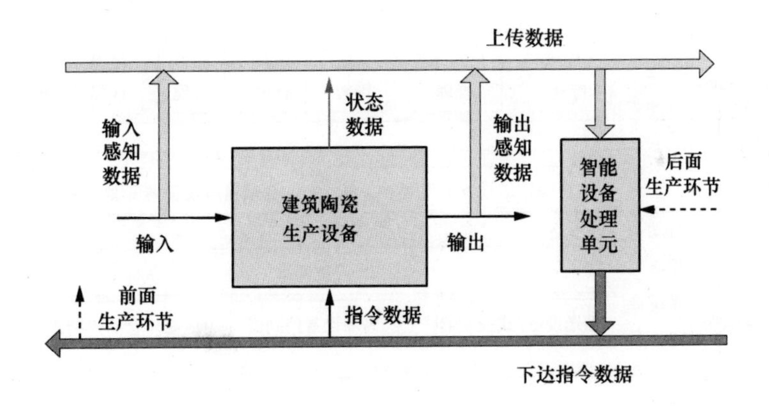

图 4-25　“端”智能设备的数学模型

2. 智能生产线

将所有的“端”智能设备通过有线现场总线扩展至工业以太网和无线接口，将各生产环节物料和装备的实际参数进行动态、实时数据上报至平台，经平台分析、处理、决策后下达相应的指令至各“端”智能设备，从而形成建筑陶瓷智能生产线，以达到建筑陶瓷的数字化、柔性化、智能化生产的要求，实现智能化生产管理，进一步节省资源消耗率，提升资源利用率，实现更智能化的运营。

4.7.5 建筑陶瓷的智能物料仓储系统

建筑陶瓷智能物料仓储系统的建设首先要根据建筑陶瓷企业在各生产环节存放物料的要求，进行整厂的物流规划，包括物料的存放方式、物料的配送方式、产品的存放形式与规格、仓库的选址、仓库的形式、作业方式等。

建筑陶瓷智能物料仓储系统包括信息管理系统、自动控制系统、设施设备系统。

1. 建筑陶瓷智能物料仓储信息管理系统

建筑陶瓷物料仓储信息管理系统是对整个进厂物料、生产过程物料、出厂产品进行管理的系统，包括入库管理、出库管理、盘库管理、库存分析、物料仓储设备的管理等部分，如图 4-26 所示。

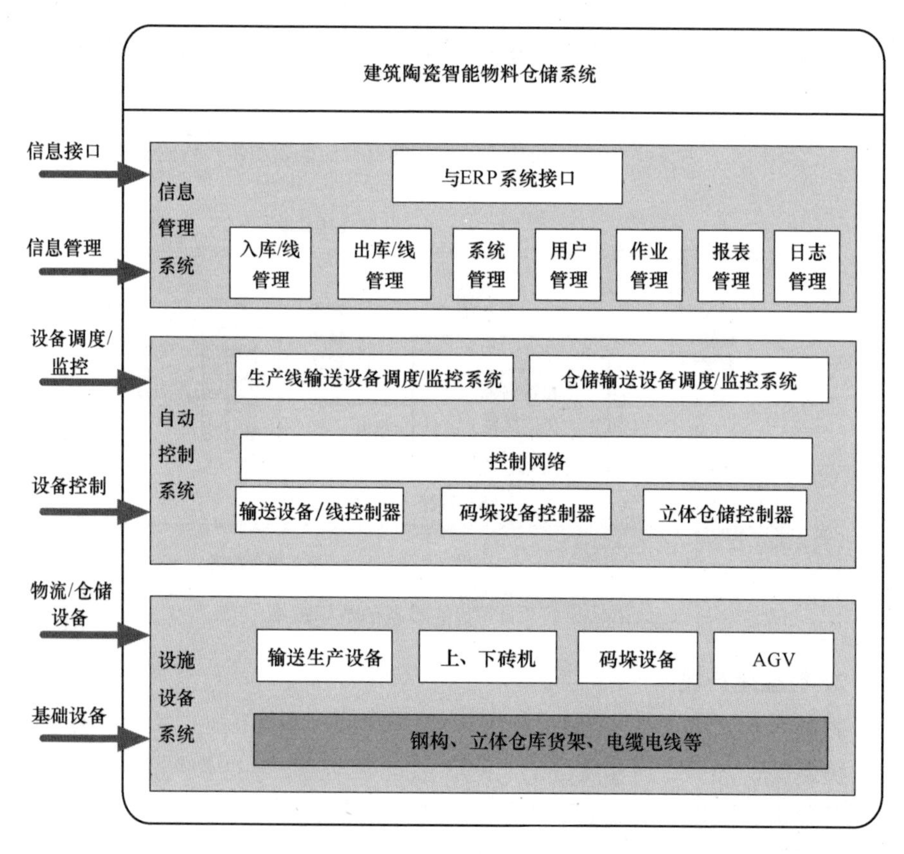

图 4-26　建筑陶瓷智能物料仓储系统

2. 建筑陶瓷智能物料仓储自动控制系统

建筑陶瓷智能物料仓储自动控制系统由物料输送设备/线控制器、码垛机控制器（包括 AGV 车载控制器）、物料输送设备/线调度系统、码垛机监控调度系统、控制网络等构成。它们按照管理系统下达的生产指令，以及设备运行逻辑程序进行输送设备/线、码垛机、AGV 车的运行。控制系统接收各传感器、监测设备的信息，实现对运行设备的监控。

3. 建筑陶瓷智能物料仓储设施设备系统

建筑陶瓷智能物料仓储设施设备系统由自动物料设备（码垛机、AGV 车等）和基础设备（输送线、立体仓库货架等）组成。

4.7.6 建筑陶瓷的智能制造执行系统

在建筑陶瓷智能制造系统中，制造执行系统（Manufacturing Execution System，MES）是建筑陶瓷智能生产的核心系统。MES 集成了生产运营管理、产品质量管理、生产实时监控、生产动态调度、生产效能分析、物料管理、设备管理、生产人员管理和生产文档管理等相互独立的功能，使这些功能之间的数据实时共享，同时 MES 起到了企业信息连接器的作用，使企业的计划管理层与执行控制层之间实现数据的流通，其功能框图如图 4-27 所示。

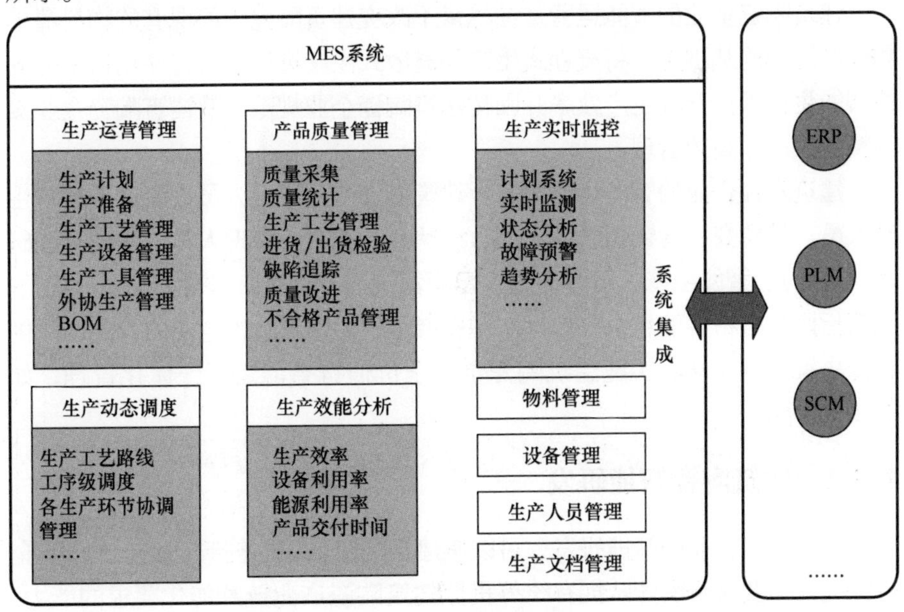

图 4-27　MES 的功能框图

MES具有以下功能：

(1) 对生产过程中用到的各种原料、中间过程产品、出厂销售产品等不同类型的物料信息进行统一的维护管理的功能。

(2) 能够统一管理生产企业中的班组、班次和倒班信息，采用直观方式自行定义排班策略，并能够根据此策略进行批量的排班记录生成。

(3) 对工艺参数、主要设备系统工艺标定、原（物）料更换进行定时记录的功能。

(4) 具有生产计划、生产会议、生产交接班、生产运行记录的管理功能。

(5) 具有生产统计的功能，并提供生产日报、生产月报、生产年报、综合报表的功能。

4.8 建筑陶瓷智能运营

建筑陶瓷企业的智能运营是指以BOM（Bill of Material，物料清单）和流程管理为核心的智能运营管理，包括智能研发、智能供应链、智能物流和智能办公等。

建筑陶瓷企业的智能运营是在尽量不改变建筑陶瓷工厂现有的物料清单和生产流程的基础上，将流程式生产和离散式生产进行融合，使用目前先进的智能化技术提升其生产效率并固化建筑陶瓷企业规范，使建筑陶瓷企业实现精益生产和高效管理。

建筑陶瓷企业的智能运营服务于建筑陶瓷产品研发人员、设计人员、生产人员、供应商、营销和服务人员、经销商、客户、管理人员，实现智能研发（设计）、智能生产、智能物流、智能营销以及其他，并通过统一的智能运营指挥中心将各信息系统数据挖掘和展示，为建筑陶瓷企业的管理层提供智能决策依据，从而实现建筑陶瓷企业全价值链智能运营一体化管理，如图4-28所示。

4.8.1 建筑陶瓷智能研发

建筑陶瓷企业的智能研发，可以使建筑陶瓷企业的创新研发能力得到全方位提升，要求研发团队拥有统筹贯穿建筑陶瓷产业链智能化要求的能力，进行建筑陶瓷产品原料、工艺、规格、形状、图案、功能等的研发与设计，

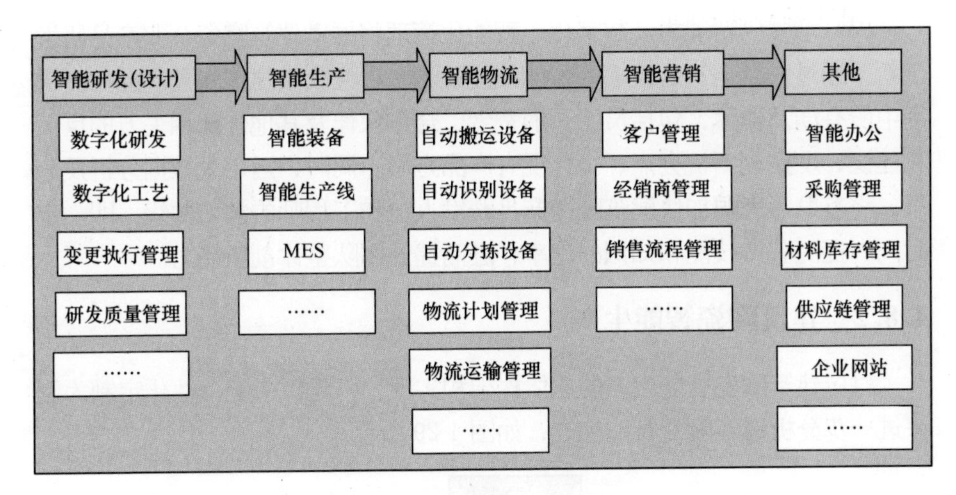

图4-28　建筑陶瓷智能运营系统

在产品研发（设计）、工艺研发（设计）、产品虚拟生产等方面实现智能化，以支撑之后的智能生产、智能物流、智能营销、智能办公等环节的可视化联动，为建筑陶瓷市场终端客户加速提供高度个性化定制的产品和服务。

建筑陶瓷企业的智能研发可以使建筑陶瓷企业的创新研发能力得到全方位提升，主要体现在以下三大方面：

（1）缩短研发周期。在建筑陶瓷产品研发过程中运用数字化技术实现虚拟模拟及个性化技术，将大大缩短建筑陶瓷产品的研发周期，提高研发效率。虚拟技术帮助建筑陶瓷企业在开发前期即进行建筑陶瓷产品的测试、中试等环节，从而大大缩短研发周期。另外，在建筑陶瓷产品研发中将广泛使用个性化技术，即对单个建筑陶瓷产品进行数字化描述，以便在产品周期各阶段都可以快速地追踪到产品及配件等；帮助研发部门及时得到产品数据，进行产品或解决方案优化。尤其对于建筑陶瓷大规模定制，一旦任何环节出现产品问题，研发部门都能迅速得到产品相关制造、使用数据，与相关部门协作进行产品优化，改善建筑陶瓷市场用户体验。

（2）提高研发风险可控性。通过大数据和实时数据的管理、分析和分享，以及全面使用贯穿建筑陶瓷产品周期的开发、制造、物流和使用数据，将大幅降低研发风险，从而降低建筑陶瓷产品生产管理中其他环节因研发问题导致的潜在损失。在线实时数据采集系统将帮助实现建筑陶瓷生产车间实时环境和使用数据的采集和传输，确保建筑陶瓷生产数据的准确性、完整性、实时性，进而能大幅加强研发设计产品的可靠性，减少因数据不精确、数据滞后或环境差别造成的产品问题，从而降低产品开发风险。

（3）增强创新能力。数字化、智能化管理将推动建筑陶瓷企业产品研发创新。通过大数据、云技术等智能使能技术，广泛收集建筑陶瓷产品生产周期中所有涉及群体，包括员工、消费者、合作伙伴及其他外部相关方的反馈和建议，发掘创新机会点、优化现有产品方案。同时，运用大数据分析及分享，将有助于大幅加快建筑陶瓷产品开发人员和工程师的学习曲线，即一定时间内提高获得技能和知识的速率，进而提升团队整体创新能力。

4.8.2 建筑陶瓷智能生产

对应建筑陶瓷智能生产的总体构架和实现，以建筑陶瓷个性化定制为例来进一步分析建筑陶瓷智能生产，如图 4-29 所示。

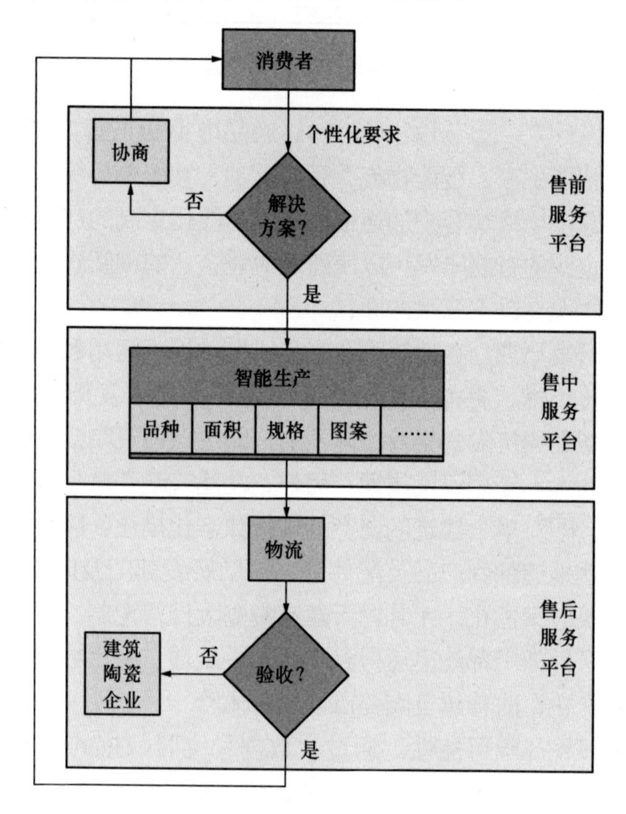

图 4-29　建筑陶瓷个性化定制示意图

建筑陶瓷智能生产的个性化定制平台是由专业设计团队与终端用户进行一对一的互动交流服务，并通过智能工厂完成产品生产、仓储、个性化包装、物流运输等环节的服务，最终为顾客提供与众不同的个性化产品。

在建筑陶瓷市场消费升级的背景下，建筑陶瓷的设计端不再只属于企业的设计师，它是一个平台，是一个渠道，或者是一种创作方式。抛开“设计师说什么就是什么”的传统，让每一位消费者都有机会参与设计。

第一种方式：消费者通过线上平台，参与建筑陶瓷产品的设计，选择喜欢的规格尺寸、造型、使用功能等，并且参与设计的消费者还可以享受购买优惠限量的初始设计款或大规模定制款。

第二种方式：消费者完全主导自己将购买的建筑陶瓷产品的设计，对喜欢的款式、色彩，甚至名称和 Logo 进行选择，这些完全可以通过建筑陶瓷企业的在线平台予以实现。消费者甚至可以将自己设计的建筑陶瓷成品在企业的平台上展示和销售，消费者由单一角色转变为设计、制造、销售和消费多种角色。

无论哪种方式，都极大地调动了消费者参与产品设计的程度，一方面通过消费者的设计更好地捕捉消费者的内在需求，另一方面也通过各类人群在大平台上的设计，丰富了企业的产品设计思路甚至是成熟的设计方案，提高了建筑陶瓷企业的设计水准。最终，在消费端实现“量身定做”和“自主自助式设计”，实现“自我设计、自我制造、自我销售”新商业模式。

4.8.3　建筑陶瓷智能物流

建筑陶瓷企业的智能物流不是只作为一种储存的简单仓库，而是将整个供应链管理理念纳入其中的“大物流”，它强调把相关的业务集成到一条链上，共同运行，共享资源，从而实现整体优化。它需要对产品进行生命周期化管理，对产品进行监控，有效地用于生产，提高生产效率。

建筑陶瓷企业的智能物流借助自动搬运设备、自动识别设备、自动分拣设备等装备，以及通过物流计划管理、物流运输管理等管理方式，实现从智能生产的生产线及成品仓库到经销商、终端消费者的一体化物流，为建筑陶瓷企业带来以下优势：

(1) 便于管理。建筑陶瓷企业的智能物流依托智能技术、自动化技术、网络技术、远程监控技术，提高建筑陶瓷物流过程中货物运输最优路线的选择，自动对货物进行跟踪记录、自动存储货物、自动分拣货物，方便管理人员对货物的管理进行优化。降低货物运输成本，提高物流效率。

(2) 提高效率。建筑陶瓷企业智能物流过程不仅包括单个建筑陶瓷企业内部生产过程中的全部物流流程，还包括对配套企业、对客户之间的全部过程。智能物流是对物流过程中货物进行整体系统优化，即把物流过程中的货物装卸、货物运输路线选择、货物存储效率、货物送到顾客手上等一系列过程进行整合，实现了一体化的系统管理，使建筑陶瓷产品的物流管理更加高效。

4.8.4 建筑陶瓷智能营销

在宏观的管理层面充分利用智能技术和大数据等在客户管理、经销商管理、销售流程管理等环节的应用，将海量数据优势转化为决策优势，形成建筑陶瓷企业智能营销决策闭环，满足大规模生产、个性化定制、大规模定制等需求。在微观的业务层面，建筑陶瓷企业经过信息化、智能化的改造，形成建筑陶瓷市场的纵向流动数据和产业链的横向数据的资源交互。通过建筑陶瓷市场大数据纵向、横向充分集成，打破地域局限，实现多个销售区域、销售平台、销售端的协同，完成建筑陶瓷客户管理、经销商管理和销售流程管理一体化。

4.8.5 其他

（1）建筑陶瓷企业的智能办公

建筑陶瓷企业的智能办公通常是指融合了移动化、网络化、智能化等先进技术的办公系统，即基于协同办公理念，将日常办公电子化、网络化、规范化、统一化。实时跨部门、跨地域的办公模式，达到节约时间、节省成本、提高工作效率的目的。

① 实现建筑陶瓷企业 IT 集中化的管理。智能办公系统通过控制中心就能统一管理企业内所有的虚拟桌面，所有的更新、打补丁都只要更新一个“基础镜像”就可以全部完成，省去了传统桌面应用中需要在每个桌面上重复操作的繁重工作，从而实现建筑陶瓷企业的 IT 集中化管理。

② 实现便捷化的沟通和管理。通过办公电话、电话会议、视频会议、企业邮箱、企业公告、企业红包等多种沟通方式，实现建筑陶瓷企业横向和纵向的一体化无缝对接，提高人员沟通效率。一体化的审批流程和智能化报表，每天重要日程一目了然，随时随地审批，提高了工作效率，缩短了工作时间，节约了工作成本。

③ 提高企业数据资产安全性。数据、知识产权就是建筑陶瓷企业的生命线。智慧办公将所有的数据都统一在服务器端进行运行管理，客户端只显示其数据的影像，不用再担心通过客户端非法窃取、修改、删除数据。管理员可以通过手机 APP 的管理控制面板，对智能办公里的所有设备进行控制。

④ 实现灵活方便的移动办公。建筑陶瓷企业员工可以使用手机 APP 软件，建立手机与计算机互联互通的企业软件应用系统，可以让建筑陶瓷企业人员摆脱时间和空间的束缚，可在任何时间、任何地点随时进行建筑陶瓷企业管理和沟通，能够有效提高管理效率。

(2) 建筑陶瓷智能人力资源系统

随着互联网、科学技术对人力资源服务行业的渗透，建筑陶瓷智能人力资源系统正在逐步重塑建筑陶瓷企业人力资源服务领域生态。

① 实现了建筑陶瓷企业员工入职、在职、离职的业务一条龙处理和信息流全程跟踪。从人力资源“选、用、育、留、离”五方面进行系统化管理，实现人力资源管理中招聘、配置、人员开发、薪资等日常管理工作，提升管理效率。另外，由于员工招聘、工作调配等都在网络上进行，大大提高了管理的透明度，从而提高了员工满意度。

② 智能人力资源系统有效地解决了大量时间整理数据、数据缺失、失真、时效性差等一系列问题，节省了建筑陶瓷企业人力资源经理大量工作时间，促进了建筑陶瓷企业人力资源数字化管理的实现，提高了建筑陶瓷企业管理信息化的整体水平。

③ 智能人力资源管理方式极大地降低了建筑陶瓷企业管理成本费用。系统替代了之前的纸质表，促进建筑陶瓷企业实现办公无纸化，在办公用品等耗材方面减少开支；通过系统来完成一些原本需要大量人力进行的重复性工作，使建筑陶瓷企业减少行政性管理人员的费用开支。

除了上述内容以外，采购管理、材料库存管理、供应链管理以及企业网站等也是建筑陶瓷企业智能服务的重要组成部分。

4.9　建筑陶瓷智能服务

4.9.1　建筑陶瓷智能服务的分类

依据服务提供的来源或动因，将建筑陶瓷智能服务分为以下两类：

1. 根据用户提出的需求，建筑陶瓷企业为其提供服务

根据用户提出的需求，即用户依据对市场信息的获取、自身需求满足过程中遇到的问题，通过各种智能服务平台或通道，要求建筑陶瓷企业提供相应的服务以解决其问题，满足其需求。建筑陶瓷企业根据用户发送的要求或指令，被动推送满足用户需求的精确且高效的服务。

2. 根据对市场的综合分析，建筑陶瓷企业为用户主动提供服务

根据对市场的综合分析。建筑陶瓷企业主动提供服务，即采集市场数据及用户信息，前者包括整个建筑陶瓷市场的消费结构、产品结构、消费趋势、竞争者状态等；后者包括用户对建筑陶瓷规格、形状、图案、功能、品牌、产地等的需求偏好等，进行后台集成，构建建筑陶瓷市场综合模型，进行数据加工和商业智能分析，主动推送满足用户需求的精确且高效的服务。

4.9.2 建筑陶瓷智能服务的内容

建筑陶瓷企业已开始运用“云平台”和大数据等技术进行创新，改变之前的服务模式，如图 4-30 所示。

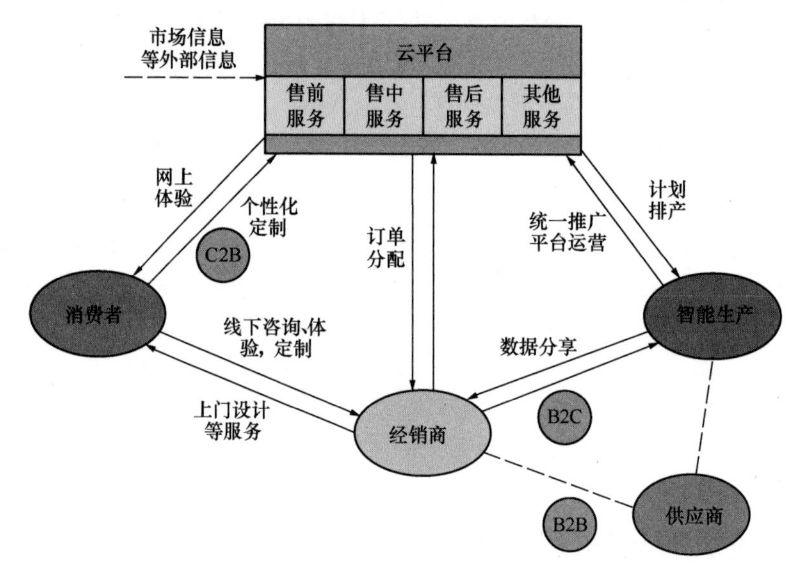

图 4-30　建筑陶瓷企业智能服务“云平台”示意图

这个综合服务平台的服务对象由经销商外延至消费者、设计师、供应商和企业的全域范围。从“云平台”，消费者可获取更便捷、更个性化的信息、服务与消费体验；设计师可以获得更强大的设计与方案解决功能；经销商可享受到高效的客户管理、订单处理、经营管理等服务。如此，市场信息不对称、厂商沟通不畅通、企客无法对接等销售瓶颈问题得到有效解决。所以，建筑陶瓷企业需要一个强大的互联网平台，并将原有的网络平台延伸至手机端，让更多的消费者接收到企业的信息，从而刺激消费者对该企业建筑陶瓷产品的需求，已成为营销创新的一个趋势。

建筑陶瓷智能服务将以“云物大”技术为支撑，将智能生产、消费者、经销商、供应商和市场等环节串连，让建筑陶瓷市场中的消费者直接主导和参与建筑陶瓷产品的设计、生产、营销等环节。

1. 对经销商的服务内容

经销商，即建筑陶瓷企业线上线下所有的经销商（人）、代理商（人）。

建筑陶瓷企业对经销商的服务除了由销售部或市场部在实体环节对其提供以外，通过建筑陶瓷企业“云平台”为其提供以下服务：

（1）对应“智能生产”，建筑陶瓷智能服务为经销商提供订单与生产计划协调的“数据分享”等服务，降低经销商与建筑陶瓷企业生产端衔接的成本，提高其效率；

（2）对应“消费者”，建筑陶瓷智能服务为经销商提供“线上用户体验和预约服务”“线上用户（订单）分配”“统一推广和平台运营”等，降低经销商的营销成本，提高服务终端用户的品质和效率。

2. 对终端用户的服务内容

终端用户，即建筑陶瓷企业产品最终的个人使用用户（个人和家庭）及非个人使用用户（企事业单位、机构组织）。

通过建筑陶瓷企业“云平台”，终端用户主要在订单挖掘、订单成交和售后服务三个主要环节享受建筑陶瓷企业提供的智能服务。

（1）售前服务平台

基于建筑陶瓷企业“云平台”，企业以最便捷的方式为所有客户提供产品选择、客户体验、产品购买和售后服务等。除所有网上客户端都具有的功能外，建筑陶瓷企业的“售前服务平台”可以让客户在手机客户端实现对瓷砖尺寸、画面、形状等的DIY设计，从而参与到建筑陶瓷产品的设计和制造中。

一方面，建筑陶瓷企业可以对消费者的个性化需求进行挖掘，为企业带来大量和稳定的订单；另一方面，建筑陶瓷企业“云平台”覆盖区域内几乎所有楼盘的户型信息，在“云平台”里都有一套“模板”，结合顾客的其他条件，“云平台”会提供真实的空间、产品、组合等，让消费者看到产品使用的真实效果。这将有助于建筑陶瓷企业个性化定制产品的低成本、批量化生产，对建筑陶瓷企业智能制造的实现提供支撑，如图4-31所示。

（2）售中服务平台

建筑陶瓷企业售中服务并不是简单地构建一个“售中服务平台”，而是

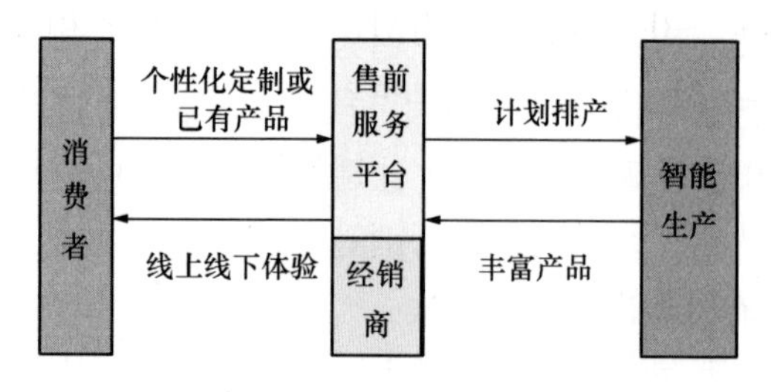

图 4-31　建筑陶瓷售前服务平台的示意图

与实体店协同操作。实体店铺在选址、客户接待、客户体验等方面，予以客户优质的服务，使得线上导流的客户顺利进入实体店并得以成交，如图 4-32 所示。

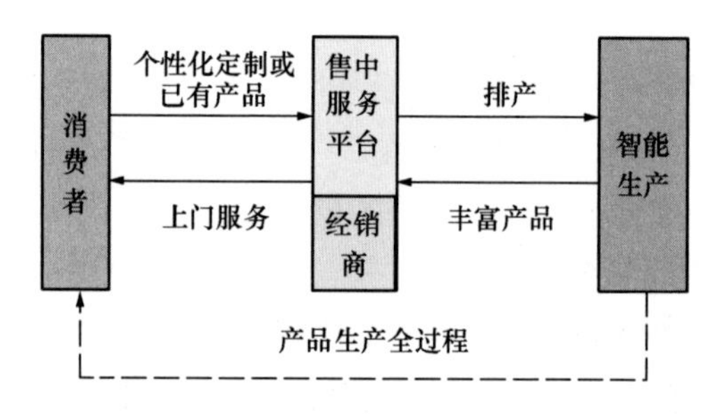

图 4-32　建筑陶瓷售中服务平台的示意图

由于建筑陶瓷产品的特殊性，无论是线上还是线下购买，以往都需要客户到建筑陶瓷实体店内确认产品后再购买，时间成本和便捷性等问题阻碍了客户的消费行为。并且由于各地、各级代理商的存在，使同款建筑陶瓷产品的价格仍有差异，在一定程度上影响了建筑陶瓷的品牌形象。甚至不少代理商的“各自为政”还破坏和扰乱了建筑陶瓷市场。

为此，在建筑陶瓷企业“云平台”中，通过统一运营和监管，将设计师、经销商和客户纳入“售中服务平台”。设计师的概念设计作品、销售量最多的产品、消费者最喜爱的产品、周边客户消费的产品、距离消费者最近的实体店，以及订单挖掘环节中客户自行设计的概念产品等均出现在这个平台上。客户可以通过在线服务咨询平台中的设计师与经销商，还可以通过留言、评论的方式与以往的客户交流，以此来获得客户自身需要的信息。而设计师与经销商与客户交流、答疑解惑的过程，也是引导客户进行网上购买、或到其线下实体店体验的过程。同时，与售前服务环节一样，智能工厂准确、及时、有效地获取到市场需求信息以指导产品的设计与生产。

另外，线下经销商（实体店）构建以用户体验为中心的全新瓷砖零售场景，通过 VRHome、3D 云设计、CRM、大数据等技术和设备，使产品销售服务的消费过程实现线上线下渠道的高效交互，实现产品的私人定制和营销的精准推送。“云平台”上经销商和企业永远在线协同，为消费者建立消费入口。

（3）售后服务平台

建筑陶瓷的使用周期长，许多客户在购买后也许十几年都不会再次购买，所以建筑陶瓷企业的售后服务也是不可或缺的一个营销内容。首先，优质的售后服务可以获得消费者的高满意度，形成良好的口碑，为建筑陶瓷企业带来良好的社会效益和经济效益；其次，可以积累人脉，拓宽建筑陶瓷企业的销售渠道，增强企业的竞争力；最后，可以准确、及时地获取销售信息，以此来优化建筑陶瓷企业下一个周期的运营。

建筑陶瓷企业的“售后服务平台”的形式不局限于网站论坛、用户专门平台、官方网站、微信公众号、小程序等形式，也不局限于某一种形式的运用。这个平台不仅具备传统售后服务模块的基本功能，而且储备了所有客户的消费信息。这样的数据储存是为了方便建筑陶瓷企业对消费者进行产品维护、产品升级等提供基础。如图 4-33 所示。

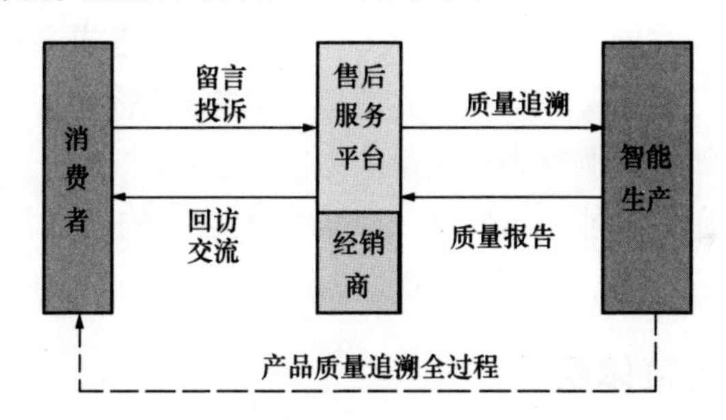

图 4-33　建筑陶瓷售后服务平台的示意图

3. 对供应商的智能服务内容

供应商就是为建筑陶瓷企业提供原材料、零配件等产品以及物流配送、营销策划等服务的个人、机构和组织。

在建筑陶瓷智能制造背景下，不再是供应商单方面为建筑陶瓷企业提供服务，建筑陶瓷企业也需要为供应商提供服务。即为实现建筑陶瓷企业智能工厂的打造，建筑陶瓷企业在智能研发、智能运营等方面，设定统一的标准、流程、工作文件格式等，要求原材料供应商、装备供应商、营销服务供应商等予以执行，并对其执行工作进行培训和指导服务。逐步将其配套服务有机地融入建筑陶瓷智能工厂的范畴内，提高供应商对建筑陶瓷企业的响应速度、服务效率等。

4.10 建筑陶瓷智能决策

决策是管理的核心，科学决策是现代企业管理的核心。企业决策关系企业运营的生死、兴衰、盈亏。智能决策就是利用计算机帮助或替代人脑对未来做出最优判断。

在建筑陶瓷智能工厂的环境下，将产生大量的产品技术数据、生产经营数据、设备运维数据、产品运维数据、生产工艺知识库和专家系统、决策知识库和专家系统、供应链数据、客户管理数据等。应用大数据等分析工具，对上述信息进行搜索、过滤、存储、建模、分析、处理，为各级决策者提供科学的决策信息，构建建筑陶瓷智能工厂的决策系统。

4.10.1 大数据的建设

大数据是以容量大、类型多、存取速度快、应用价值高为主要特征的数据集合，它正快速发展为对数据巨大、来源分散、格式多样的数据进行采集、存储和关系分析，实现从数据到信息、从信息到知识、从知识到决策的转化，提升企业领导的洞察力和决策能力。

大数据的应用是智能制造的核心动力。大数据的建设包括数据源采集、数据平台建设、云计算、数据安全等。

4.10.2 智能决策体系

1. 建筑陶瓷企业决策管理

建筑陶瓷企业根据组织外部环境和内部条件设定企业的战略目标，为保证目标的正确落实和实现进行谋划，并依靠企业内部能力将这种谋划和决策付诸实施，以及在实施过程中进行控制的一个动态管理过程，如图 4-34 所示。

(1) 企业层决策

企业层次的决策，是建筑陶瓷企业整体的战略总纲，是确定建筑陶瓷企业未来一段时间的总体发展方向，是协调建筑陶瓷企业下属的各个业务单元和职能部门之间关系，合理配置企业资源、培育企业核心能力，实现建筑陶瓷企业总体目标。它主要强调两个方面的问题：一是“应该做什么业务”，

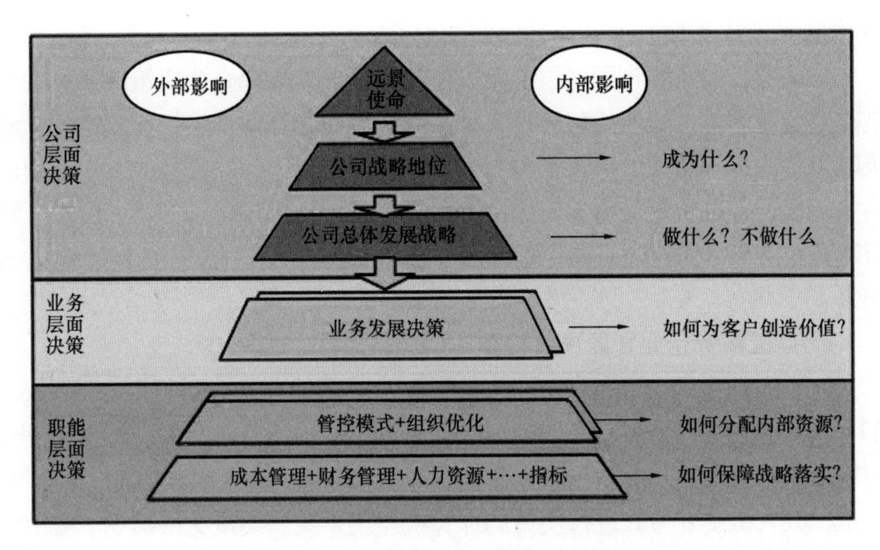

图 4-34　建筑陶瓷企业决策管理等级

即从建筑陶瓷企业全局出发，根据外部环境的变化及企业的内部条件，确定企业的使命与任务、产品与市场领域；二是“怎样管理这些业务”，即在建筑陶瓷企业不同的战略事业单位之间如何分配资源以及采取何种成长方式等，以实现建筑陶瓷企业整体的战略意图。

（2）业务层决策

业务层决策又称经营单位决策。由于不少建筑陶瓷企业采用的是多品牌策略，也即采用多个品牌为市场提供不同档次和类型的建筑陶瓷产品，不同品牌所面对的外部环境（特别是市场环境）各不相同，建筑陶瓷企业对各个品牌的资源支持也不同。业务层决策主要回答在确定的经营业务领域内，建筑陶瓷企业如何展开经营活动；在一个具体的、可识别的市场上，建筑陶瓷企业如何构建持续优势等问题。其侧重点在于：贯彻使命、业务发展的机会和威胁分析、业务发展的内在条件分析、业务发展的总体目标和要求等。

（3）职能层决策

职能层决策是为贯彻、实施和支持公司战略与业务战略而在建筑陶瓷企业特定的职能管理领域从事的活动。职能层决策主要回答研发部、生产部、市场部、销售部、财务部、行政部、人力资源部等相关职能部门如何卓有成效地开展工作的问题，重点是提高建筑陶瓷企业内部资源的利用效率，使建筑陶瓷企业内部资源的利用效率最大化。其内容比业务决策更详细、具体，其作用是使企业层与业务层的决策内容得到具体落实，并使各项职能之间协调一致。

公司层、业务层与职能层决策一起构成了建筑陶瓷企业决策体系。在建筑陶瓷企业内部，企业战略管理各个层次之间是相互联系、相互配合的。建筑陶瓷企业每一层次的决策都为下一层次决策提供方向，并构成下一层次的决策环境；每层决策又为上一级决策目标的实现提供保障和支持。所以，建筑陶瓷企业要实现其总体决策目标，必须将三个层次的决策有效地结合起来。

2. 建筑陶瓷企业智能决策模型

建筑陶瓷企业智能决策支持系统是人工智能（Artificial Intelligence, AI）和决策支持系统（Decision-making Support System, DSS）相结合，应用专家系统（Expert System, ES）技术，辅助决策者通过数据、模型和知识，以人机交互方式进行决策的计算机应用系统。决策支持系统一般由交互语言系统、问题系统以及数据库、模型库、方法库、知识库管理系统组成，如图 4-35 所示。

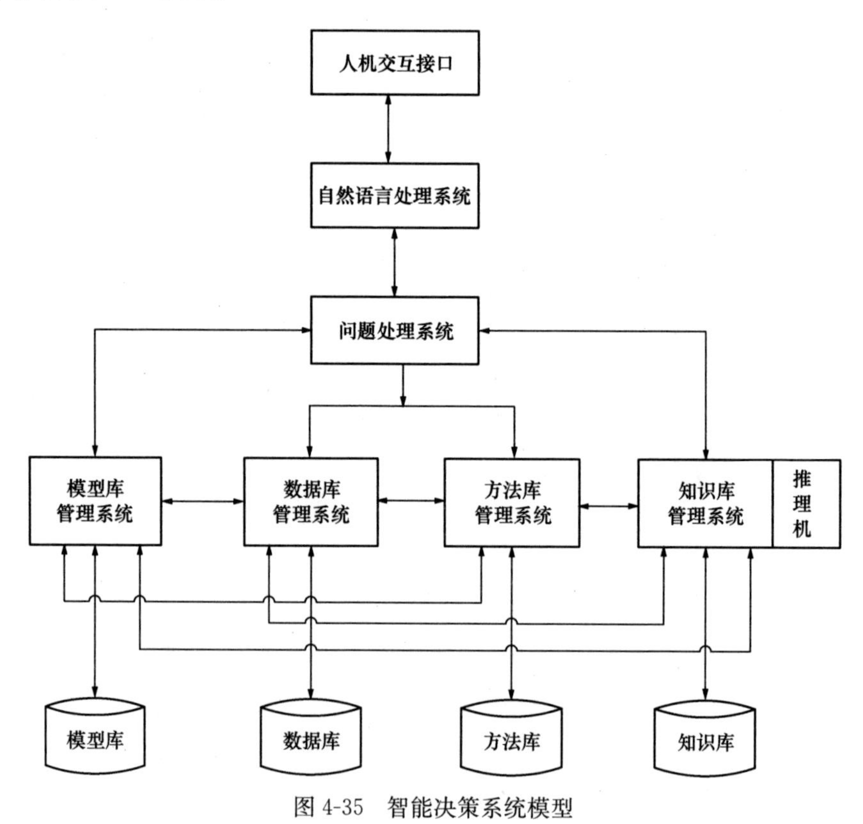

图 4-35　智能决策系统模型

建筑陶瓷企业智能决策支持系统的 DSS 结构是在传统三库 DSS 的基础上增设知识库与推理机，在人机对话子系统中加入自然语言处理系统（LS），与四库之间插入问题处理系统（PSS）而构成的四库系统结构。

建筑陶瓷智能决策一个关键的挑战其实是要让责任者/审核者接受他们对于决策的所有权，而另一方面，领导也要鼓励组织内部逐步接受数字化、智能化转型的深度发展。

4.11　建筑陶瓷智能制造的关键技术

1. 智能网络架构搭建

建立“云-平台-端”网络架构，结合新型工业互联网和工业物联网等相关有线无线通信技术，基于 OPC-UA 协议对数据进行封装转发，保证数据传输的一致性，保障未来工业大数据的复用性。

2. 数据采集及实时性、数据接口标准、数据的安全

采用新型工业物联网标准以及工业总线协议，建立具有数据实时性采集的保障模型，运用 OPC-UA 协议，实现数据接口标准的统一以及数据安全性存储和传输。

3. 智能管理服务系统

需要将传统企业管理（含客户管理、销售管理、物流管理、人事行政管理等）和智能服务、智能研发（设计）、智能物流、智能营销、智能办公、智能人力资源等相融合的智能技术、数字技术、网络技术（如自动化控制技术、数字化研发技术、虚拟仿真技术、物联网应用技术、移动互联网技术、数据库集成技术、人工智能技术等），构建一个完整的应用于建筑陶瓷设计、生产、管理、销售和服务过程的集成系统，在运营过程中进行感知、分析、推理、决策、控制，实现终端目标市场的动态响应和建筑陶瓷企业的高效运转。

4. 智能装备/生产线

需要能生产符合本课题智能装备的数学模型，即智能设备具备能采集进出物料的性能参数、能采集设备本身的状态数据、具有可智能运算的处理系统。并将智能装备按建筑陶瓷生产工艺要求组合成完整的生产线。

5. 分析决策、专家系统

构建一系列不同分析决策、专家系统，满足建筑陶瓷生产的不同要求，如不同智能设备本身的专家系统、为企业决策的专家系统等。

建筑陶瓷智能工厂是实现建筑陶瓷智能制造的基础与前提。从绿色制造和智能制造的理论和体系分析入手，以“大数据”和“云平台”等技术为基础，实现“流程＋离散”的融合互创，保证在标准统一、数据共享的规范下，构建建筑陶瓷智能工厂，且从智能生产、智能运营、智能服务、智能决策四个方面进行详细阐述，最后提出建筑陶瓷智能工厂需要解决的关键技术。

第 5 章

建筑陶瓷智能制造案例及智能工厂解决方案

建筑陶瓷产业在发展的进程中必须实现由量到质的转变，推动由过去粗放型生产方式向精细化管理型迈进，由高耗能向节能减排、绿色生产转变，由劳动密集型向自动化、智能化转变。

5.1 建筑陶瓷智能制造案例

5.1.1 国外建筑陶瓷产业的生产制造水平

目前，世界发达建筑陶瓷国家及企业的信息化生产已实现，并运用各种智能制造技术，向智能化制造转型发展，也即由建筑陶瓷工业 3.0 阶段向 4.0 阶段转变。

(1) 从企业角度分析，不少国外建筑陶瓷企业已做出了不少尝试。

① 美国 Mohawk 集团。该集团从 2014 年起，在美国田纳西州投资建设新的陶瓷砖生产工厂，计划于 2016 年投入生产，工厂将生产高附加值瓷质砖；另外，Mohawk 集团在俄罗斯增大投资用于新建现代化的瓷砖生产线。

意大利 Marazzi 公司在 2013 年加入 Mohawk 集团，Marazzi 公司在 2014 年投入了 3000 万欧元在美国建设瓷砖企业，地址在 Fiorano Modenese。Marazzi 公司在美国的新瓷砖厂占地 37500m^2，采用最先进的意大利设备与技术，拥有 4 条窑炉，安装新型大吨位压机、切割设备、数字装饰设备、施釉线等及全套瓷砖生产质量控制、分级、包装、仓储等设备，主要生产瓷质砖。该生产线注重环境保护、生产安全、质量控制，整个生产过程自动化和数字化水平高，并实现水与热量的循环利用等。

② 意大利 Novbell 公司。对自然环境的尊重和保护，是 Novabell 公司长期以来一直坚持的原则，在生产过程中始终保持最大限度地减少能耗，减小和控制对周围水、空间等的污染，实现了生产过程的绿色化；同时，Novabell 公司生产出的产品更绿色，可回收资源，其中相当部分材料甚至可以循环利用，充分体现了人和自然界的和谐统一。

③ 意大利 RAGNO 公司。意大利 RAGNO 公司目前拥有 5 个现代化生产基地，早在 20 世纪 80 年代初，“蜘蛛”瓷砖吸收了先进的自动化生产技术，以适应客户和市场的需要。

(2) 从产品与技术方面分析，国外建筑陶瓷行业也领先于国内企业。

截至 2014 年的数据分析，意大利以瓷质釉面砖为优势；西班牙以釉面内墙砖为优势；土耳其有所兼顾；中国前几年以瓷质抛光砖为优势，近五年抛光砖市场份额在不断下降，取代的产品是抛釉砖以及大理石瓷砖。未来十年中国要重点发展瓷质釉面砖，这是意大利瓷砖业成功的产品基础之一。

近年来中国瓷砖生产技术突飞猛进，但意大利、西班牙也在同步发展，在今后很长一段时间里，意大利、西班牙等国的产品都将保持技术领先。

5.1.2　国内建筑陶瓷产业的生产制造水平

国内整个建筑陶瓷工厂的自动化及数字化程度还处于逐步实现的过程中，也即处在由建筑陶瓷工业2.0阶段向3.0阶段转型升级式发展阶段。并且，整个技术、管理团队驾驭智能化系统的能力还不足，我国建筑陶瓷产业距离4.0阶段还有一定的距离。

针对建筑陶瓷工厂现状和问题，2015年“中国制造2025”战略提出之前，广东佛山、东莞等城市就逐步开始“机器换人”计划，部分建筑陶瓷企业也开始参与推进智能制造。

截至目前，整个建筑陶瓷行业还处于智能制造发展初期，还没有实现真正意义上的“智能制造”；但就其发展特征而言，存在几个标志性的节点和事件：

1. 萌芽点

在产业转型升级的过程中，“机器换人”成为许多建筑陶瓷企业突围的主要路径之一。2014年，广东唯美陶瓷有限公司作为最早采用“机器换人”的建筑陶瓷企业，其窑炉车间由两三百人精简至20人；以喷墨打印机替代平板印花机之后，操作工由3～4人/台优化至0.2人/台。在降低成本、减员增效、提升产品质量、增强生产稳定性、强化标准化程度等方面，为建筑陶瓷企业的智能制造进行了初步的试探。

2. 起步点

作为全国首个实施“中国制造2025战略”项目的建筑陶瓷企业，广东东鹏控股股份有限公司的“中国建陶工业2025智能制造项目”被列为佛山市《中国制造2025佛山行动方案》的重点项目。

2015年7月，广东东鹏控股股份有限公司开始对两条生产线率先进行了智能化改造，拟在实现自动化的基础上，对工厂的所有生产装备实现互联互通，建立国内第一个“建筑陶瓷智能工厂”。如此，建筑陶瓷生产工厂可以实现资源的最佳配置和平衡点，进而提高工厂的生产制造效率和减少对人力的依赖。

2015 年 12 月，美的集团股份有限公司、佛山市智能装备技术研究院、广东东鹏控股股份有限公司、蒙娜丽莎集团股份有限公司等共同发起成立“推进‘中国制造 2025’联盟”，拟以建筑陶瓷企业为出发点，与上下游生产装备制造企业融合，助力建筑陶瓷企业的智能制造。

3. 提速点

建筑陶瓷行业实现智能制造的基础是装备智能化，2016 年 5 月，佛山市恒力泰机械有限公司“年产 200 台（套）建筑陶瓷智能制造装备研发及产业化项目”奠基，拟通过整合优势资源，规划研发制造烧成装备、原料装备以及陶机整线智能装备。同月，广东唯美陶瓷有限公司在美国田纳西州投资建设瓷砖生产基地，打造陶瓷制造业第一条全自动化生产线。

2016 年 11 月，国家工业和信息化部组织召开了“建筑陶瓷行业绿色生产和智能制造交流会”。会议期间，蒙娜丽莎集团股份有限公司的“建筑陶瓷数字化绿色制造成套工艺技术与装备”技术成果被认定达到国际同类先进水平。另外，广东科达洁能股份有限公司的“陶瓷装备智能服务平台”被列入 2016 年“广东省智能制造试点示范项目”，拟通过市场、企业、人才、技术、流程等各个环节的全联通，实现建筑陶瓷生产销售全流程自动化程度的提高。

4. 聚集点

2017 年，佛山欧神诺陶瓷股份有限公司的“建筑陶瓷企业智能工厂建设示范项目”、广东新明珠陶瓷集团的“生产线新增自动铺贴线技术改造项目”、广东东鹏控股股份有限公司的“面向建陶智能制造的网络协同平台”、亚细亚集团控股有限公司于湖北咸宁的“大板大理石瓷砖数码智能化设备生产线”、广东唯美陶瓷有限公司于重庆的“机器代人生产线”、诺贝尔集团有限公司的“大板瓷抛砖生产工艺体系”、广东冠星陶瓷企业集团于清远源潭的“瓷片生产车间”、蒙娜丽莎集团股份有限公司的“绿色工厂”等多个项目，在单项技术、单台装备、整条生产线和整个生产车间方面有了一定的突破，促进了建筑陶瓷智能化的进程。

2017 年 12 月，作为建筑陶瓷行业的第一家“绿色智能工厂”，新明珠公司的“绿色智能制造示范工厂”的落成，加快了建筑陶瓷行业智能制造的步伐。

另外，从 2017 年开始，湖北、四川、广东等多个产区，以及上游机械装备企业同时聚焦大规格陶瓷板（“大板”）。“大板”以其可多元切割、组合的特征，极大地支撑了建筑陶瓷柔性化生产的实现。

5.1.3　案例分析

在智能化制造的大趋势下，智能化对于建筑陶瓷工厂的实际运营到底能带来多大效益？其价值何在？

不少国内外建筑陶瓷企业已率先做出了尝试。尤其是一些国外知名的陶瓷设备制造企业。

案例 1：意大利 Sacmi 公司

Sacmi 公司综合建筑陶瓷生产的各部门解决方案，优化整个生产流程，如图 5-1 和图 5-2 所示，以切实有效地推进建筑陶瓷智能制造。

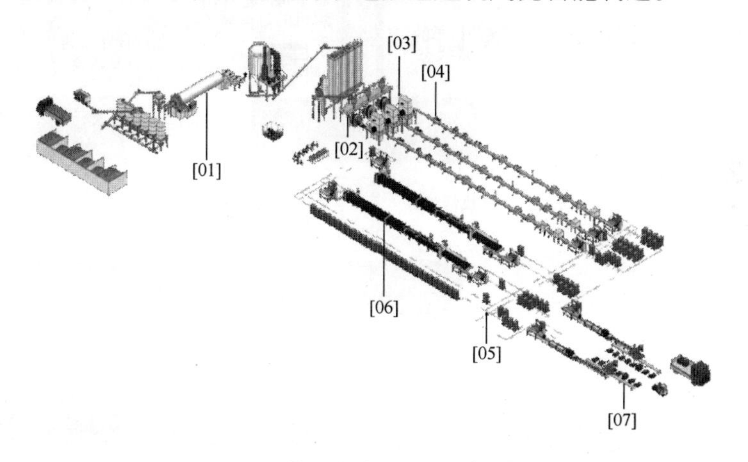

图 5-1　萨克米陶瓷 HERE 示意图

01—坯体制备；02—压制成型；03—干燥；04—施釉；05—输送和储坯；06—烧成；07—包装，码放

图 5-2　HERE 管理程序

（1）信息流（图 5-3）。

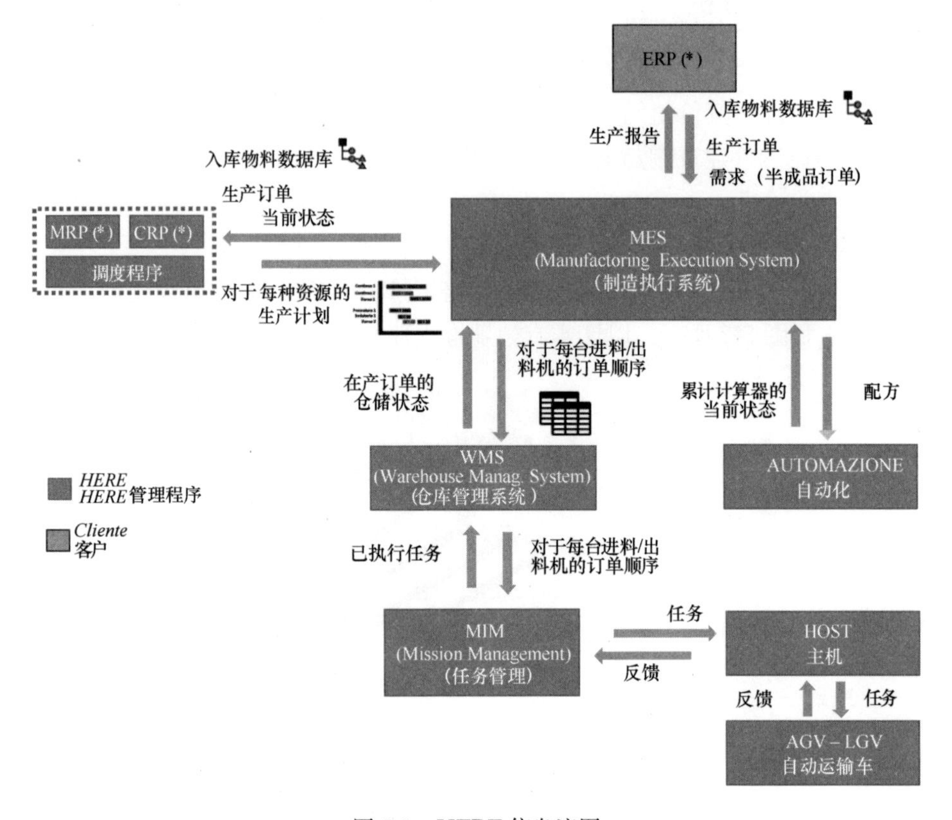

图 5-3　HERE 信息流图

注：ERP—Enterprise Resource Planning 企业资源计划；MRP—Material Requirement Planning 物料需求计划；CRP—Capacity Requirement Planning 产能需求计划

（2）计划调度（图 5-4）。

（3）物流。

从“计划调度”做好的计划生成由自动运输车完成的输送任务，实现建筑陶瓷企业按库存生产、按订单生产的管理。

（4）生产计划管理（图 5-5）。

（5）跟踪和配方（图 5-6）。

通过萨克米 HERE 管理程序，对建筑陶瓷生产过程实现了智能化管理，机器独立操作或通过 HERE 管理程序控制：

（1）自动生成必要的工艺流程数据和信息。

（2）实现了自动收集工艺流程数据和信息（无纸化）。

（3）根据所收集到的数据，进行反馈并自诊断和自动校正或建议校正、

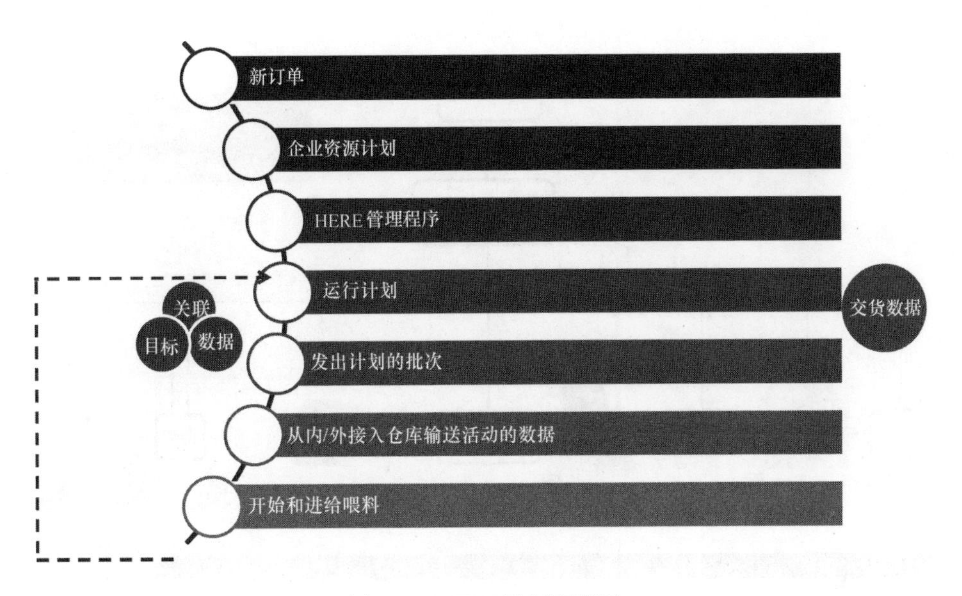

图 5-4　HERE 计划调度图

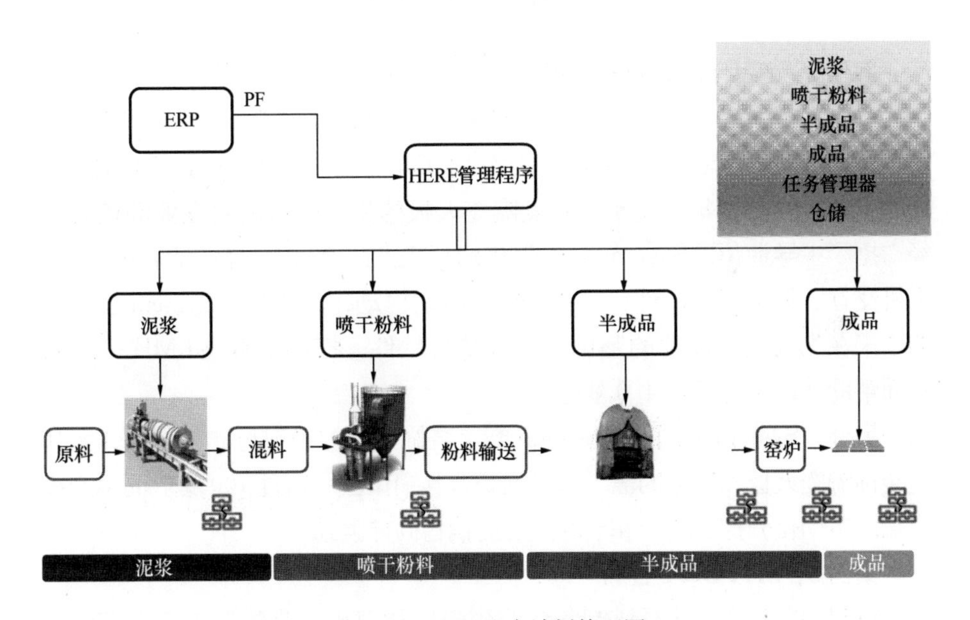

图 5-5　HERE 生产计划管理图

修理/排除故障；并对重大事件做出预判，事先确定适宜的矫正措施。

(4) 使用数量有限的部件，机械可以达到有待维护的机器部位。

(5) 通过网络远程访问，可访问文件资料和维护时需要的信息。

(6) 设备综合效率极大提高。

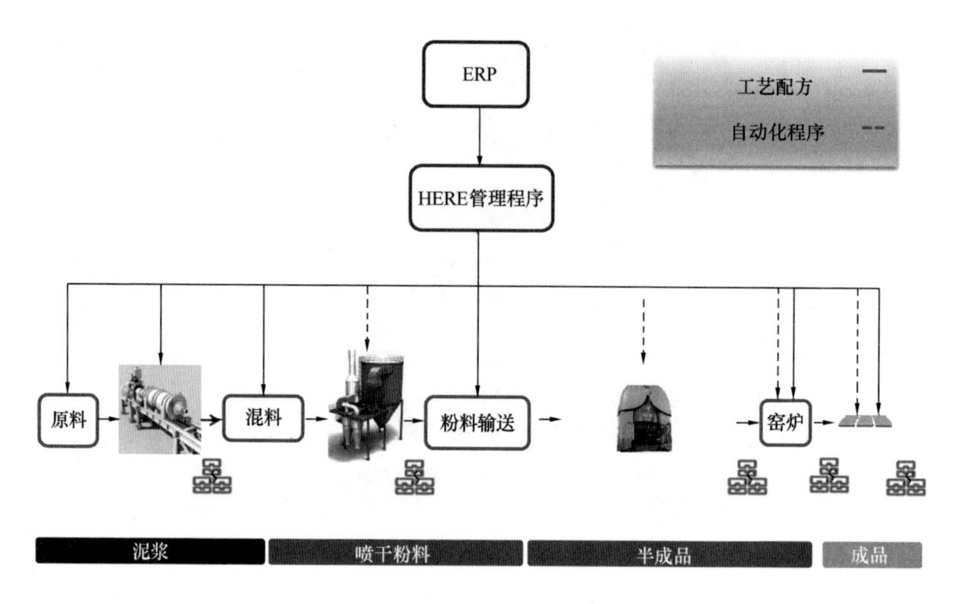

图 5-6　HERE 跟踪和配方图

案例 2：意大利 System 公司

截至目前，System 公司用于生产陶瓷大板的 40 条 Lamina 生产线在全球范围内应用，其中许多生产线选用了创新的 LAMGEA 无模压机。2000 年，西斯特姆集团就率先研发陶瓷大板的生产，目前其在亚洲市场已经占据了主导地位。System 公司聚焦的“工业 4.0”，内容包括智能制造、人机交互、数字工业设计、过程分析、内联自动化方案等。System 公司认为未来在先进设备硬件的基础上系统整合软件，打通 ERP 和 MES 系统，从而帮助客户实现工业 4.0 梦想。

另外，System 公司的 Creadigit 数字装饰系统的表现也非常强劲，尤其是装饰陶瓷大板和面板的需求急剧增长，其销量已经超过 100 套。而生产线末端的自动化分拣、包装和码垛系统的销售同样强劲。

案例 3：SITI B&T 公司

SITI B&T 公司从原料制备环节到瓷砖和卫生洁具的深加工环节，14 个革命性的创新涵盖了生产的各个流程，将专注能源效益和生产力，并为客户提供从规划设计到建造安装的整线设备。

SITI B&T 公司按以下部门提供专业的陶瓷技术：Tile（瓷砖生产的整线设备）、Projecta Engineering（数码装饰设备和数码图案设计方案）、B&T White（卫生洁具整线设备）和 Ancora（陶瓷深加工系统）。

SITI B&T 公司的“建筑陶瓷工业 4.0”是结合了数据分析与管理，完全自动化和相互关联的技术，运用人类的聪明才智使其在生产的核心环节重新担当主要角色。SITI B&T 公司应用的 UNICO 监控系统，能与生产线上每台独立机器的监控员进行对话和互动，这样在单一控制站点就可以对遍布全球工厂的生产情况进行监测，由此对复杂的生产程序进行有效管理。在售后服务方面，针对全球性的客户，SITI B&T 公司实行全天候，即全年无休的服务支援，新仓库在保证快速服务和原配件充足的同时，能避免停产的发生及保证工厂的有效管理。

目前，我国建筑陶瓷产业正孕育新一轮的发展机遇，发展方式的转变、产业结构的调整，要求我国建筑陶瓷企业着力发展先进制造技术，加快产业的转型升级。随着国家和建筑陶瓷产业“十三五规划”的出台，国家层面、产业层面以及企业自身均在逐步开展“建筑陶瓷智能制造”的试点和试验工作，我国一些建筑陶瓷企业已经获取了一些经验。

案例 4：佛山欧神诺陶瓷股份有限公司

1. 企业云化改造

采用云计算方案对传统的信息化基础设备进行云化改造，将企业 OA 系统、欧神诺在线、渲染集群的辅助系统等全部上云，且构建云架构系统，硬件和业务系统的稳定性及可靠性大幅提升，如图 5-7 所示。同时采用桌面云替代 PC 机办公后，员工办公所产生的财务数据、销售数据、设计图纸等不是存放在本地，而是集中存储在数据中心内部，防止被随意拷贝或窃取，保护了公司的核心知识资产。

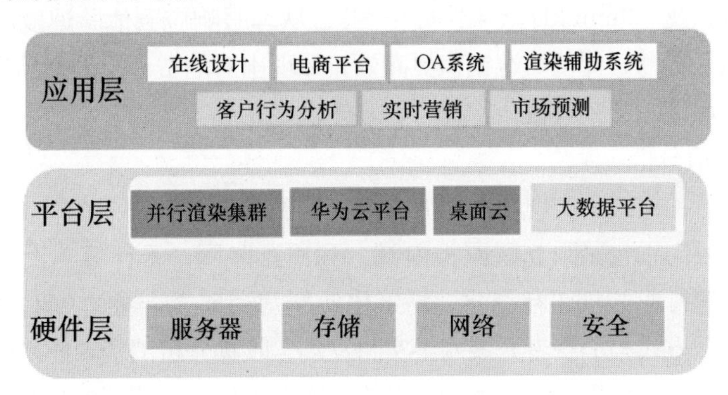

图 5-7　欧神诺公司云架构

2. “欧神诺在线”云商平台

“欧神诺在线”云商平台包括 3D 云设计系统、O2O 线上交互系统、数据分析系统等，以数据驱动为导向，通过系统数据分析消费者行为，核心是把握用户思维，实现产品的私人定制和营销的精准推送。平台上经销商和企业永远在线协同，为消费者建立消费入口，如图 5-8 所示。

图 5-8　欧神诺公司在线云商平台

（1）四大服务标准。从销售价格、产品体验、效果预览、售后保障四大维度展开，即“线上线下同城同价”“免费 720°换砖 DIY 体验”“免费全屋效果图设计”和“免费三大瓷砖施工指导”，以瓷砖应用效果为导向，全程贴心售后为保障，颠覆传统零售模式，构建瓷砖零售新场景。

（2）“31319”五大效率标准。“即线上客服 3s 响应，线下 3min 联系”“瓷砖 DIY 空间 1s 换砖”“3min 体验全屋铺砖图”“1 键导出两大瓷砖施工指导图”以及“9min 3D 效果快捷出图”，从客服响应到体验速度，从效果确认到施工辅助，促使终端销售更高效，体现出对消费者提供高品质瓷砖零售服务的承诺。

3. 价值分析

（1）营销模式上实现了从粗放式的营销到精准营销方式的转变。“欧神诺在线”云商平台紧跟互联网＋浪潮，利用互联网、云计算、大数据等技术，在陶瓷行业开创了社交化、场景化新型营销模式。通过 O2O（线上线下相结合）方式与消费者开展网上实时互动，收集分析消费者社交和偏好信息，以数据驱动为导向分析消费者行为，实现了从传统营销到精准营销模式的转变。从而实现了从单纯卖陶瓷产品到卖瓷砖空间整体解决方案的转型，夯实了欧神诺陶瓷在中国“一线陶瓷”的品牌地位。

（2）产品设计上实现了从统一无差别的设计到个性化、多样化的定制设计转变。海量客户的个性化需求反馈给“欧神诺在线”云商平台，并经过大数据实时分析处理，让设计师足不出户即可获取客户个性中的共性需求，如什么样的款式图纹、什么样的材料质地是当前海量用户关注的热点，引领陶瓷行业时尚潮流。提升客户参与设计的成就感和服务感，间接提升了成单率和交易效率。

（3）生产方式上实现了从传统制造模式到个性化定制模式的转变。通过连接销售和生产端，经过大数据分析后，精准获取生产数据，重塑了企业价值链。通过 C2B 模式，佛山欧神诺陶瓷股份有限公司就瓷砖产品款式设计、制造与用户进行实时互动，及时响应用户个性化需求，以大批量、低成本、高质量和高效率的方式实现了为用户提供定制产品和服务。

（4）供应方式上实现了从盲目大批量备货供应的方式到精准小批量供应方式的转变。其配套物流企业通过在线上配置线下资源的方式，整合信息流、资金流、物流，改变原有供应链运作模式。如全国物流一盘棋，可根据各地域瓷砖产品需求特点采取差异化的备货方式，极大地提升了物流效率，节省了资金占用成本。

案例 5：广东东鹏控股股份有限公司

借机“中国制造 2025”，秉承创新精神，广东东鹏控股股份有限公司（以下简称东鹏公司）审时度势，于 2015 年 7 月启动了“东鹏 · 中国建筑陶瓷工业 2025 项目”。

东鹏公司联合“亚洲仿真控制系统工程（珠海）有限公司”，中国建材检验认证集团股份有限公司共同研发“东鹏 · 中国建筑陶瓷工业 2025 项目”，采用工业全范围授权在线中央信息管控系统核心技术，预计投入 1.5 亿元，为创建行业第一个国际研发中心、建设行业第一个绿色工厂、打造行业第一个智能工厂提供跃升平台，创建全国建筑陶瓷行业的首个信息化顶层建设——中央数据库，以对陶瓷企业全范围信息化建设打下坚实基础。

“东鹏 · 中国建筑陶瓷工业 2025 项目”编制了工程技术实施方案，规划了诸多行业性首创项目，如陶瓷行业 AGV 国产化项目，陶瓷行业智能立体仓库应用——抛光分级全自动化连线项目，生产数据全信息化智能计算中心等。

通过“东鹏 · 中国建筑陶瓷工业 2025 项目”的开发，前瞻性投入，探索行业未来趋势，整合各行各业的技术资源，实现技术与数据的互联互通，拉动整个陶瓷行业智能制造水平提升，生产装备技术的进步，中国陶瓷完全可以实现弯道超车，超越国外先进公司。

项目建设的关键性技术基于计算、控制、信息系统的三位一体软支撑平台，是全系统的支撑平台。该平台在本方案实施现场的原有基础自动化条件上，将现场控制数据、仿真建模、信息数据同台运算运行，实现所涉建设范围信息实时共享。

（1）具有建筑陶瓷行业属性的实时数据库，从架构、管理和应用上，其功能足以实现国家对工业大数据应用的要求，为工业智能化奠定基础。实现与实时数据库配套的历史数据库及其应用技术，成为解决工业信息化实时数据的同步管控的抓手。

（2）具有建筑陶瓷行业属性的硬件、软件，落地形成大型数据实时采集、计算、管控制造流程的应用功能，相关可视化技术条件是应用能力的佐证。

（3）具有研究和建立数学模型的功能。

（4）具备实现在线决策控制的功能和可视化条件。

（5）具有基于大数据对运行状态可视展演的功能。

（6）具有将所涉工业信息系统链接互联网应用的功能，并在三位一体平台的支撑环境下实现在线连续测量：以设备运行通过实时/历史数据和在线仿真后得出的计算数据为素材，结合企业生产人员多年积累的现场操作经验和现有装备，实现在线仿真、在线监测、在线寻优、在线故障诊断、在线巡检反馈、在线预警、在线决策控制、全线管理优化、离线自主仿真培训等一系列的技术创新——企业生产、经营过程的实时化、可追溯性和全过程在线监控，为实现陶瓷生产的精准管控提供技术条件。

东鹏公司的建筑陶瓷工业 2025 项目是公司的战略工程，也是东鹏公司的一项创新工程，此项目要求高标准［对标并超越世界顶级企业（如意大利的 FLORIM 公司）］、全覆盖（从生产工艺、设备制造到生产管理、销售、公司运营管理）。

案例 6：广东鹰牌陶瓷集团

作为陶瓷业内信息化的先行者，广东鹰牌陶瓷集团（以下简称鹰牌公司）在业内较早就启动“互联网＋”的转型。

（1）两化融合对于制造业而言，实施“互联网＋”的首要基础是要实现产业的信息化。鹰牌公司的信息化探索积累已经历了 20 多年。早在 20 世纪 90 年代初，公司就与华南计算机公司合作，开发应用 MIS 系统管理生产、销售、仓库；1999 年，鹰牌公司实施了 SAP 系统，按照国际先进管理要求，将公司生产、销售与分销、财务会计、管理会计、资产与物流全线拥抱信息化，开创了陶瓷企业实施 SAP 系统的先河。

经过重新调整酝酿之后，近年来鹰牌公司的信息化又明显向“云制造”领域迈进。

2012 年建立经销商云下单平台，实时对接公司 ERP 系统。不久，鹰牌公司又在佛山企业界率先采用云服务系统，目的是把所有与企业相关的社会化资源和虚拟记录接入鹰牌公司的云平台，实现资源的协同运作，以提高效率、控制交易成本、管理全域流程、保证结果。

2015 年，由鹰牌公司打造的物流系统云平台正式上线，彻底打通客户下单至签收的所有通道，提高了资源整合能力和运作效率，客户能随时随地掌控货物的轨迹。今后，鹰牌公司将逐步建立起智造系统和大观设计系统，打通制造、物流、营销、设计多环节的数据，建立建筑陶瓷行业的“智造工厂”。

(2) O2O。在线上，目前鹰牌公司已在多个电商平台建立了旗舰店。客户可通过天猫、京东等第三方电商平台找到其产品。

在线下，消费者可以在体验店里借助 3D 效果图，直观感受产品在不同空间的功能运用，同时享受鹰牌公司的专业设计服务。通过打通线下与线上，可以让潜在客户随时随地购物，形成商业闭环。

对于 O2O 模式的探索，目前鹰牌公司正在积极而稳健中前行。鹰牌公司旗下的鹰牌陶瓷、华鹏陶瓷和国际营销中心已成立电商、设计和服务团队，利用各类平台来运作一些适合年轻人或其他网络群体的产品，与原来专攻线下的产品错开。

(3) 产业链延伸。2015 年，鹰牌公司低调成立了大观设计和超鹰速物流两家子公司。以大观设计公司为例，其以设计为核心，利用互联网场景打造包含产品加工、设计施工、品牌设计管理、商业模式创新、设计培训在内的全产业链设计创新服务平台。在现有的设计产业下探寻一种新模式：如何以跨领域的平台思维、专业的团队合作方式，构筑消费者生活场景，打造丰富且个性化的创新产品和服务。这个设计公司与其他设计公司不一样。它整体的运营包括其所在的园区都是用互联网思维来运作。其开放性、整合链接，都不单纯限于鹰牌公司本身，还可以向行业延伸，在产业内提升，构筑起互联网的生态链。

案例 7：广东唯美陶瓷有限公司

广东唯美陶瓷有限公司（以下简称唯美公司）堪称珠三角企业执行“机器换人”计划的急先锋。早在 2007 年，其就率先开启自动化生产线改造项目。

2007年前，唯美公司从产品烧成出窑到磨边抛光再到分选包装，检测、分选、印花、包装、打托、搬运，各环节都“人满为患”。同样的车间，过去至少得两三百人干活，通过“机器换人”计划，如今在唯美陶瓷生产线上，瓷砖一出窑炉就进入自动输送带，通过地下送到百米外的车间，抛光、磨边、切割、检测、打包等工序都在自动输送带上完成。偌大的生产车间里只有不到20名工人在巡查机器是否正常工作。过去这样一条线5台平板印花机就需要18～20人；现在同样工序，用喷墨打印机，1个人就能完成。

该公司这一举动的背后：从2000年开始，中国就步入了劳动力成本突飞猛进的时代。人工成本高倒逼企业改变。2007年，由于用工紧张和人力成本不断上升，唯美公司试图从自动打包机着手推动“机器换人”计划，第一批引入8台机器，价值400多万元。刚开始工人觉得轻松不少，但由于机器自身技术和操作管理理念问题造成故障频频。自动打包机变成“半自动”，接着“不动”，最后生产线还是恢复成“全自动”——全部手动。半年后，机器都被拆除。

而机器拆了，人工成本却没有停下高涨的脚步。2009年，唯美公司第二批自动打包机投入使用，随着技术进步和管理的规范，新机器成了生产线上的“宠儿”，仅此一项就节约用工约600人。

近年来唯美公司，先后投入约3亿元，基本实现自动化生产，节省生产用工2200人。与此同时，技术研发队伍却从数十人增加到200多人，新产品不断涌现。唯美公司尝了国内建筑陶瓷行业“机器换人”的“头啖汤”，不仅国内建陶同行时常来考察，装备研发单位也愿意把新设备拿到唯美试验。

建筑陶瓷向来被认为是高能耗、高污染的劳动力密集型行业。唯美公司通过“机器人计划”提升了产品质量、优化了产业工人结构、促进了节能减排。这样的转型让唯美公司提高了竞争力，也有实力和底气筹划“走出去”。

1. 唯美集团美国生产基地（美国田纳西州）

自2015年4月起，唯美公司就已经着手接洽赴美投资事宜。2016年5月，唯美公司投入1.72亿美元，将工厂建到了美国田纳西州。总项目建设周期预计4年，旨在结合国内及欧洲先进生产设备，打造陶瓷制造业第一条全自动化生产线。建成后，将是中国首个欧美陶瓷工厂。唯美公司董事长黄建平表示，陶瓷制造在传统印象中属于劳动密集型和重污染行业，但是唯美此次在美国投资，将严格按美国要求和标准建厂生产。这是唯美公司在海外的第一家工厂，产品以主攻北美市场为主，销售辐射全球。

2017年4月，唯美集团美国生产基地正式投产。作为首个赴美投资建厂的中国陶企，唯美集团以全球视野整合国内外优质资源，用世界级的技术制造更高品质的产品，在智能化生产水平、节能环保设施等方面皆严格对标国际标准，并将其先进生产经验逐步同步到国内各生产基地，进一步加快互联网、自动化、智能化与生产的融合，为传统行业优化升级贡献“唯美智慧”和“唯美方案”，更为中国陶瓷品牌“走出去”树立典范。

2. 唯美集团西部生产基地（重庆荣昌）

2017年3月，唯美集团西部生产基地一期一号主车间的第一条生产线投产，日产瓷砖达8000m^2。该车间共3条生产线，年产达900万m^2，可实现年产值5.4亿元左右。重庆唯美总共设计12条生产线，全部达产后可实现年产值20亿元。该生产线是采用最高标准建设的陶瓷生产线，整线实现智能制造，长度为1500多米，只有50个工人，线上的所有作业环节均实现了机器代人，工人只是负责操作机器；而在唯美广东生产基地，同样一条生产线，需要150个工人（图5-9和图5-10）。

图5-9　生产场景1

该生产线汇聚了唯美生产线建设的最高技术水准，达到了欧美先进水平，实现了自动化、信息化生产的最高标准，并且在设备智能化、节能环保、产品创新等方面都达到了世界水平。

该生产线生产出的每一片瓷砖，在包装前都进行激光扫码、打上“身份证”号码，如此一来，每一片瓷砖都有自己的单独编码。一旦瓷砖出现问题，随时可以通过计算机查询到当天负责的生产班组，从而最大限度地保证质量，这在国内也算是首次提出。

图 5-10　生产场景 2

案例 8：广东新明珠陶瓷集团

2017 年 12 月，广东新明珠陶瓷集团在肇庆投入 2.5 亿元建设绿色智能制造示范工厂，建成了国内首个陶瓷大板智能化生产车间，配置了两组 3200mm×1600mm 陶瓷大板生产线。通过计算机，就能监控整个生产线，并完成从粉料配送到自动打包入库 12 个步骤的生产流程。

据了解，广东新明珠陶瓷集团（以下简称新明珠）作为第一家使用 CCS 中控系统的企业，实现生产过程集中、远程高效管理；第一家采用 WMS 智能立体 13 层成品仓储系统，实现自动输送、存取、监控的仓储管理；第一家导入质量跟踪系统，实现一砖一码，产品质量可追源溯流。智能上下砖、智能 AGV、窑炉余热可回收用于中央空调使用，新明珠实现了从制造到智造的完美升华，是建筑陶瓷行业发展的新标杆和榜样。

该生产线自投产以来，车间员工减少了 80%，产能却提高了 10%以上。立体仓库，同等量的产品只需过去占地面积的 30%。生产过程中，生产线上的粉尘能全部被吸入储尘箱里，保证车间的清洁。而窑炉的余热转化为能量，供应整个智能工厂的中央空调运转，既节能又环保。

新明珠陶瓷集团董事长叶德林说："我有一个梦想，员工可以穿着西装、打着领带在工厂上班；工厂里有舒适的空调，没有轰隆隆的机器噪声，也没有呛鼻的粉尘及异味；生产线从出砖到入仓实现全自动化，我们的技术人员在一个计算机屏幕里可以监控整个生产流程……”

5.2 建筑陶瓷智能工厂解决方案

5.2.1 建筑陶瓷产业面临的挑战及应对思路

随着全球市场的变化和智能制造的推进，与传统竞争环境相比，建筑陶瓷企业将面临以下竞争挑战：

（1）建筑陶瓷产品呈现出批量越来越小、生命周期越来越短的特点；

（2）消费者市场跨文化交流和融合的趋势日益增强；

（3）个性化设计的持续迭代，消费者独一无二的品位影响着建筑陶瓷产品的设计和生产；

（4）建筑陶瓷企业需要准确定位和选择，寻求在相应细分市场中的经济效益。

为应对挑战，建筑陶瓷企业可遵循以下思路，采取适当举措，继续立足于市场：

（1）面对来自市场的新变化，建筑陶瓷企业要具有对市场的敏锐感知、分析和迅速反应的能力；

（2）要向市场提供具有差异化、特色化、高品质、低成本的建筑陶瓷产品；

（3）遵循智能制造的理念，从设计环节直至消费者使用场景，缩短建筑陶瓷产品“投放市场的时间”；

（4）通过各种智能技术和手段，通过自有服务平台或借助配套企业的服务平台，为众多消费者提供快速和高附加值的客户服务。

5.2.2 建筑陶瓷智能工厂解决方案

智能工厂是实现智能制造的重要载体，是企业信息化、自动化以后进入智能制造的关键环节，主要通过构建智能化生产系统、网络化分布生产设施，实现生产过程的智能化。

MES是智能工厂规划落地的着力点，MES是面向车间执行层的生产信息化管理系统，上接企业信息化管理系统（ERP），下接现场的PLC程控器、数据采集器、条形码、检测仪器等设备，如图 5-11 所示。MES 与 ERP、PDM 等系统在基础数据、生产计划、物料、质量、设备等方面存在接口与集成关系。

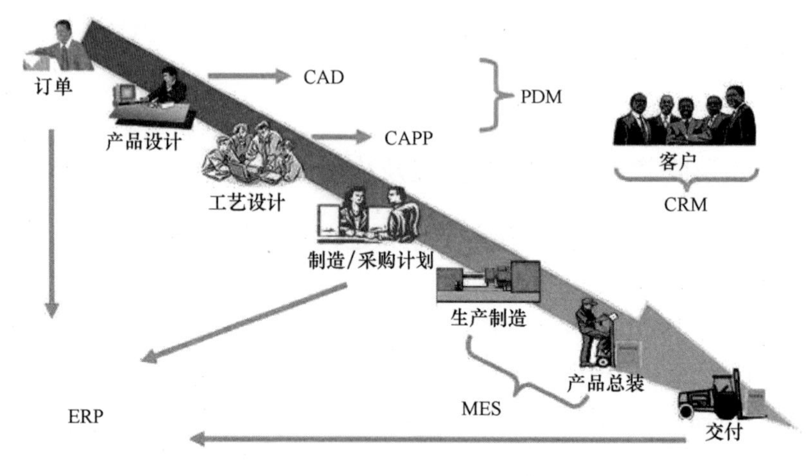

图 5-11　MES 在企业信息化中位置

MES 是生产车间用以管理和优化从订单下达到产品完工的整个生产过程的硬件和软件集合，它控制和利用准确的制造信息，对车间生产活动中的实时事件做出快速响应，同时向企业决策支持过程提供相关生产活动的重要信息。其核心为装备的智能化、信息的网络化、数据集成化等。

根据前述的模型基础，以智能生产为内容详细地阐述建筑陶瓷智能工厂的具体架构，如图 5-12 所示。

（1）最底层（智能设备）是建筑陶瓷的主要生产环节（原料制备、成型、施釉与装饰、烧成、深加工、检选包装、仓储等）。每个生产环节的智能设备均通过传感器、数据采集卡、现场数据总线等设备将数据既保存在本地设备，又通过网络将数据传输到管控平台。本地智能装备一方面可根据实时数据进行边缘计算、分析、处理，做出及时响应，另一方面接收管控平台下达的控制指令。

（2）网络传输层需准确、无误、实时地将数据上报管控平台，也将管控平台下达指令及时传递至智能设备，整个过程保证数据的安全、不丢失。

（3）管控平台包含三个部分：①数据库（大数据环境），其中包含底层需要的制造数据、产品的标准数据、上报生产过程的状态数据；②基于大数据环境的各类功能应用（通过数据分析、数据挖掘、云计算手段实现）。如基于产品质量的专家诊断应用（其可以根据拣选环节上报的数据，分析产品

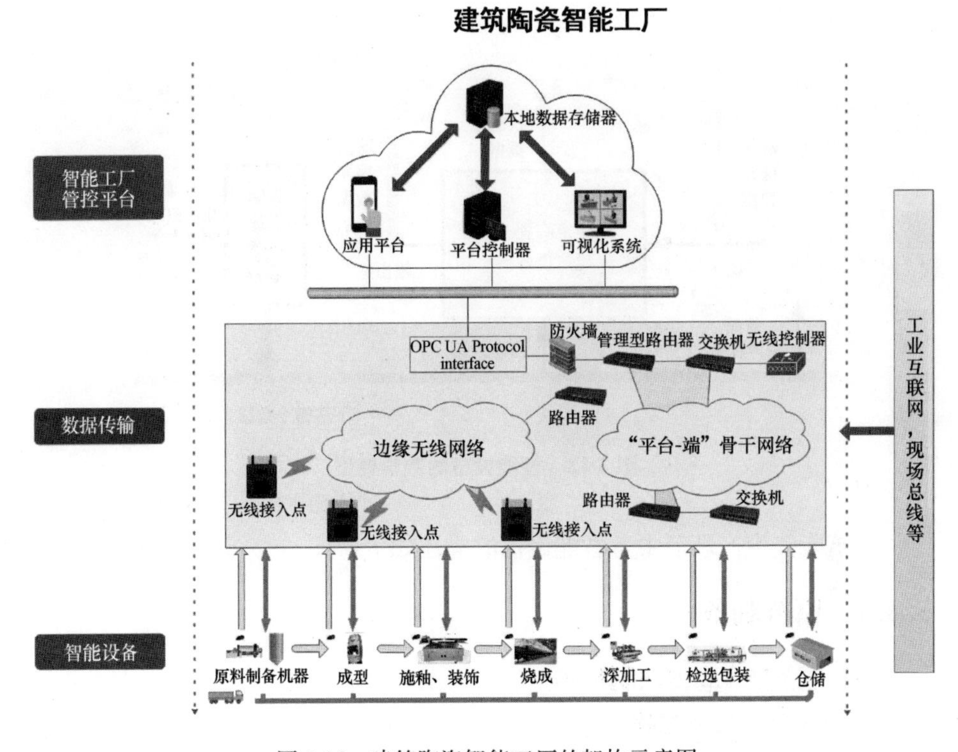

图 5-12　建筑陶瓷智能工厂的架构示意图

质量，并智能地调整各个生产环节的制造数据)；③基于状态数据的各环节可视化界面等，实现实时监控。④提供手机等终端显示设备的远程接入功能。可以通过终端与服务器的远程交互实现对大数据的访问、智能工厂的监控等。终端显示设备仅需安装一个可视化界面进行浏览、监控即可。

(4) 基于大数据分析后的"相关制造数据"和"设备控制数据"，甚至"设备的远程诊断数据"，通过管控平台经网络传输返回至智能设备进行制造现场的智能控制。

5.3　智能生产技术与装备

在建筑陶瓷智能工厂的生产系统中，智能设备首先采集输入参数、输出参数及设备本身运行参数，然后根据陶瓷生产工艺要求对所获取数据进行分析、处理，再次将所有的数据上传至云服务器，最后通过远程控制可对智能设备进行生产工艺参数查询、监测及故障预判、诊断、排除等处理。

其数学模型如图 5-13 所示。

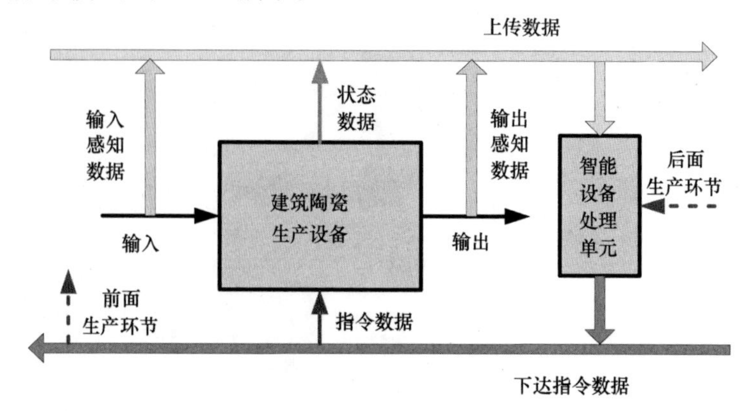

图 5-13　智能设备的数学模型

建筑陶瓷生产环节中各智能设备的描述如下：

5.3.1　原料制备

粉料制备技术有湿法制粉和干法制粉工艺过程。

1. 湿法制粉工艺过程

经球磨后的陶瓷浆料再经喷雾干燥后压制成型粉料的过程，其基本工艺流程如图 5-14 所示。

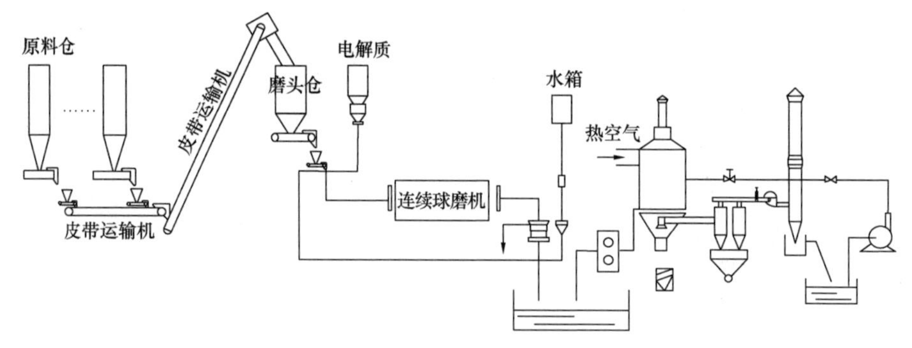

图 5-14　湿法制粉流程图

2. 干法制粉工艺过程

采用连续式粉碎设备、增湿造粒机等设备组成干法制粉系统，其工艺流程如图 5-15 所示。

无论是采用湿法工艺和干法工艺，都可将整个原料制备系统作为一个智能装备。

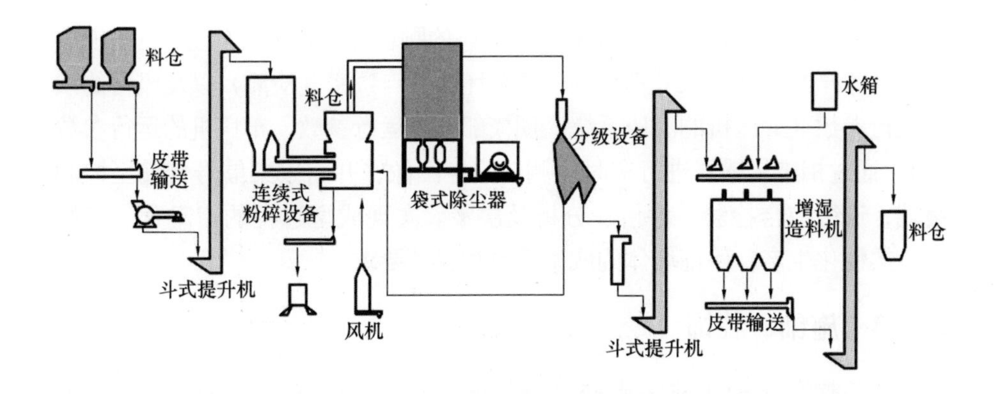

图 5-15　干法制粉流程图

智能设备采集输入参数（原料的颗粒度、水分、组分）、输出参数（料浆或粉料的颗粒度、水分、组分等）以及各设备的状态运行参数（如球磨机的运行参数、喷雾干燥器运行参数等），通过相应传感器实现从进料到出粉各个过程数字化、实时采集，并将采集信号传输至控制终端，进行综合监控、检验、评价、分析及决策。这种生产工艺可实现原料加工过程的自动化、智能化生产，保证原料的组分配比。

5.3.2　成型

无论采用大吨位液压压砖机还是辊压压砖机来生产建筑陶瓷，可把这个设备及其布料系统、翻坯机及切割系统等作为一个智能装备，如图 5-16 所示。

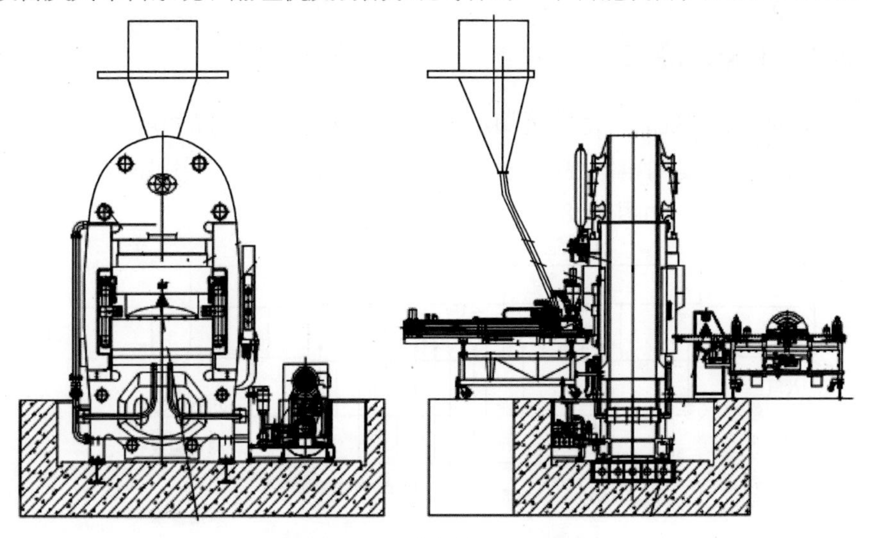

图 5-16　成型生产环节示意图

智能设备应具备采集输入参数（粉料的颗粒度、水分、组分）、输出参数（坯体厚度、坯体尺寸等数据，甚至坯体各点致密度检测）以及设备的状态运行参数（如压机的液压系统、顶模部分等运行参数、布料机的运行参数等），通过相应传感器进行实时检测、监控图像，并将采集信号传输至控制终端，进行综合检验、评价、分析及决策。实现成型过程的自动化、智能化、柔性化生产，保证坯体的成型质量和尺寸要求。

5.3.3 施釉、装饰

可将整个施釉和装饰生产过程的所有装备集成为一个智能装备，如图5-17所示。

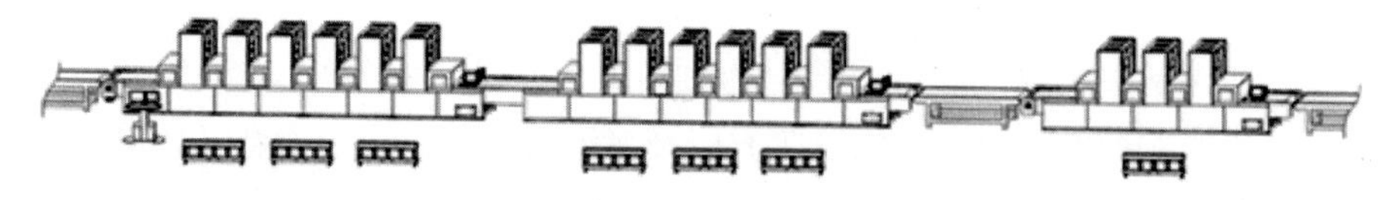

图5-17 施釉、装饰环节示意图

智能设备应具备采集输入参数（坯体的尺寸、含水率、表面温度；釉的黏度、浓度）、输出参数（坯体釉层厚度、坯体装饰等数据）以及各设备的状态运行参数（如施釉设备、喷墨打印机等设备的运行参数），通过相应传感器进行实时检测、监控图像，并将采集信号传输至控制终端，进行综合检验、评价、分析及决策。实现施釉、装饰过程的自动化、智能化、柔性化生产，保证本生产环节后坯体的质量和尺寸要求。

5.3.4 干燥、烧成

"干燥"和"烧成"是建筑陶瓷生产的两个环节，干燥和烧成的辊道窑结构有差异，但是对窑内温度控制等存在共性问题。可将干燥窑或烧成窑看作一个智能设备，如图5-18所示。

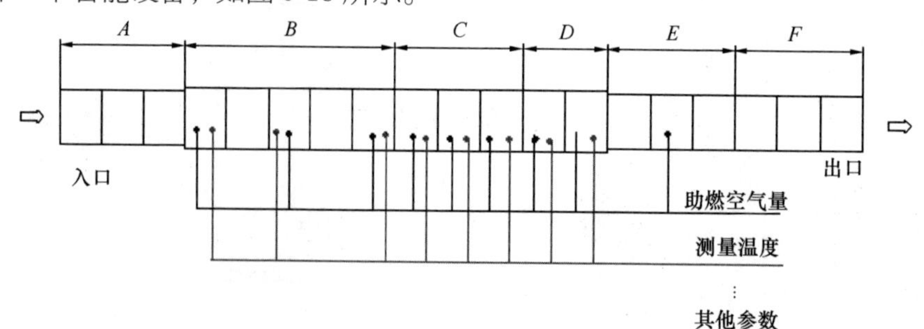

图5-18 干燥或烧成生产环节示意图

智能设备应具备采集输入参数（产品种类、坯体的尺寸、含水率、厚度等）、输出参数（陶瓷砖规格、收缩率、硬度等数据）以及窑炉设备的状态运行参数（如窑炉内温度、气压、气氛等参数；助燃空气、燃料等阀门和风机等控制量），通过相应传感器实时检测、监控图像，并将采集信号传输至控制终端，进行综合检验、评价、分析及决策。实现干燥或烧成过程的自动化、智能化、柔性化生产，保证本生产环节后产品的质量和尺寸要求。

5.3.5　深加工

可将建筑陶瓷深加工过程包括磨边、刮平、抛光、切割等环节所有设备集成为一个智能装备，如图5-19所示。

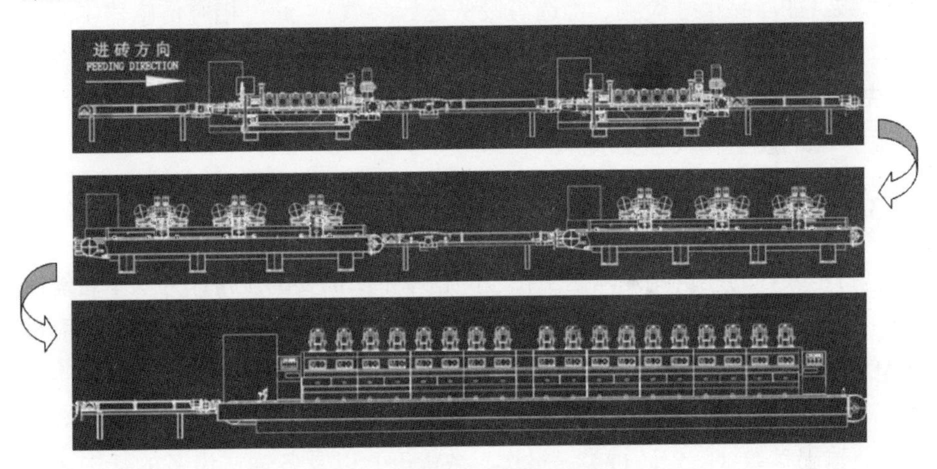

图5-19　深加工生产环节示意图

智能设备应具备采集输入参数（产品种类、尺寸、厚度、硬度等）、输出参数（陶瓷砖规格等数据）以及各深加工设备的状态运行参数（如磨边机、抛光机等设备运行参数），通过相应传感器实时检测、监控图像，并将采集信号传输至控制终端，进行综合检验、评价、分析及决策。实现深加工过程的自动化、智能化、柔性化生产，保证本生产环节后产品的质量和尺寸要求。

5.3.6　检选包装

根据不同的功能与规格需求，灵活组合这些单机设备就可组成各种功能的智能检选包装线，以满足客户的多元化需求。可将整个瓷砖检选包装线作为一个智能装备，对产品的尺寸、规格和图案，甚至颜色进行检选、分选和包装，如图 5-20 所示。

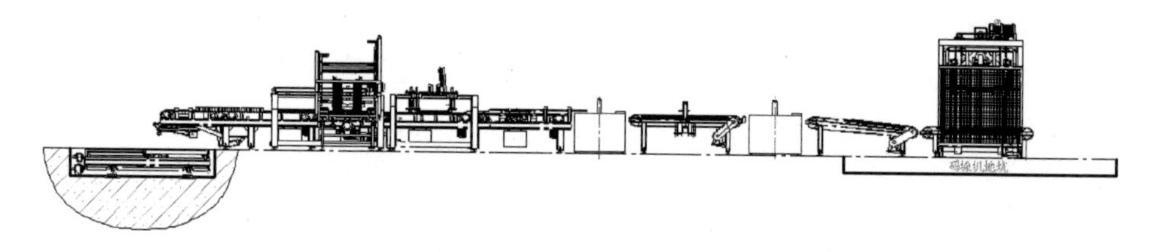

图 5-20　检选包装生产环节示意图

智能设备应具备采集输入参数（产品种类、尺寸、厚度、图案、白度等）、输出参数（陶瓷砖规格、图案等数据）以及各检选包装设备的状态运行参数（如产品尺寸检测、检选等设备运行参数），通过相应传感器实时检测、监控图像，并将采集信号传输至控制终端，进行综合检验、评价、分析及决策。实现检选包装过程的自动化、智能化、柔性化生产，保证本生产环节后产品的质量和尺寸要求。

5.3.7　仓储物流

将包装好的建筑陶瓷输送至相应的仓库中所需要的设备作为一个智能设备，实现从自动包装、进仓、出仓基本无人化，包括叉车或自动导引车(AGV)、自动输送带和立体仓库等装备。

智能设备应具备采集输入参数（产品种类、规格、图案、白度、数量等）、输出参数（陶瓷砖种类、批次、数量等）以及各输送设备的状态运行参数（如 AGV、立体仓等设备运行参数），通过相应传感器实时检测、监控图像，并将采集信号传输至控制终端，进行综合检验、评价、分析及决策。实现仓储过程的自动化、智能化，保证产品输送到仓库中规定的位置。

5.4　智能生产管理系统

5.4.1　智能网络架构

智能网络架构是指建筑陶瓷智能装备经数据传输层至管控平台的网络架，如图 5-21 所示。智能网络架构体系包括数据集成与边缘处理技术、设备接入技术、协议转换、IaaS 技术、安全防护等技术，可基于工业以太网、工业总线等工业通信协议，以太网、光纤等通用协议，3G/4G、NB-IOT 等无线协议等将建筑陶瓷智能设备接入管控平台。

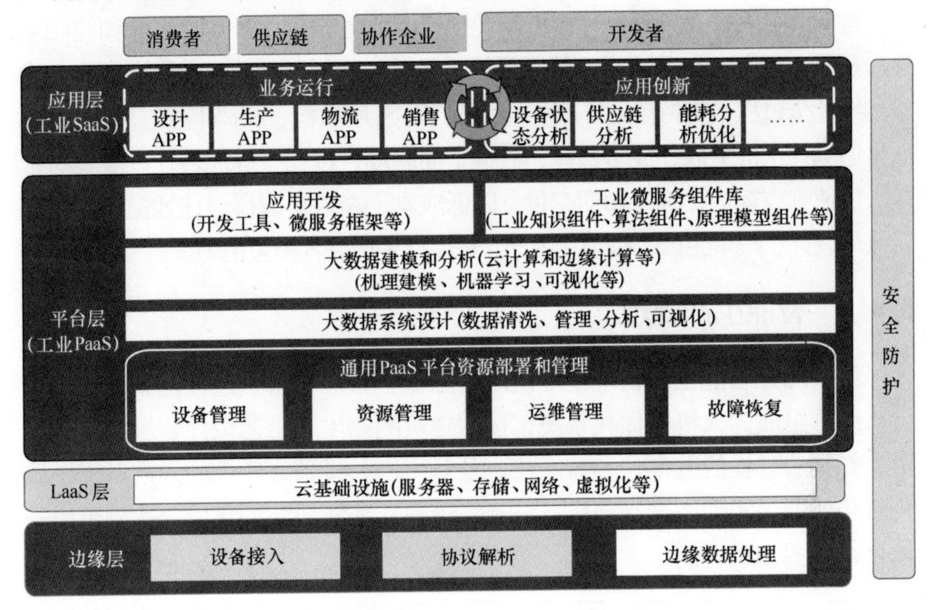

图 5-21　建筑陶瓷智能网络架构支撑体系

5.4.2　数据采集传输系统

智能生产管理系统都是基于数据的感知、存储分析、控制与应用，通过管控平台实现产品的生产、调整和优化生产系统运行方式，建筑陶瓷生产数据采集、传输架构如图 5-22 所示。

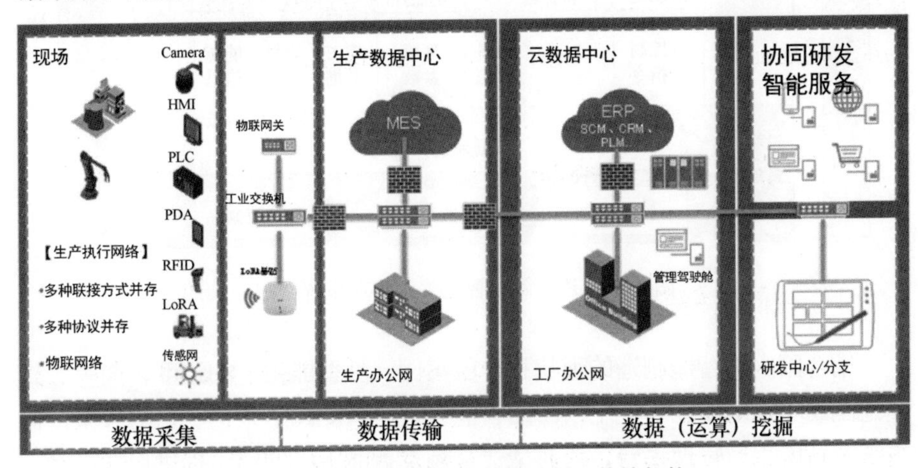

图 5-22　建筑陶瓷生产数据采集、传输架构

5.4.3 智能管控平台

建筑陶瓷智能生产管控平台可实现生产、业务一体化，实时跟踪和控制从生产预测、计划、订单、生产线、质检、设计、物料、工艺、计数、进度、成本到统计全过程，支持自动排产、柔性生产、工序质检、扫码汇报、动态看板、质量追溯、工价关联、成本核算，数据全面联动，过程一键流转，进度实时掌控，快速响应客户，确保如期交付，以低成本、高效率取得最佳效益，全面满足按单设计、按单生产、按预测生产、按库存生产等各类应用场景。

5.4.4 智能生产管理

建筑陶瓷智能生产管理就是使用传感器、智能装备、过程控制、制造执行系统等组成的人机一体化系统，按照建筑陶瓷生产工艺设计要求，实现整个生产制造过程的数字化、智能化，及对生产、设备、质量的异常做出正确判断和处置，实现生产制造执行与运营管理、智能装备的集成，达到管控一体化，如图 5-23 所示。

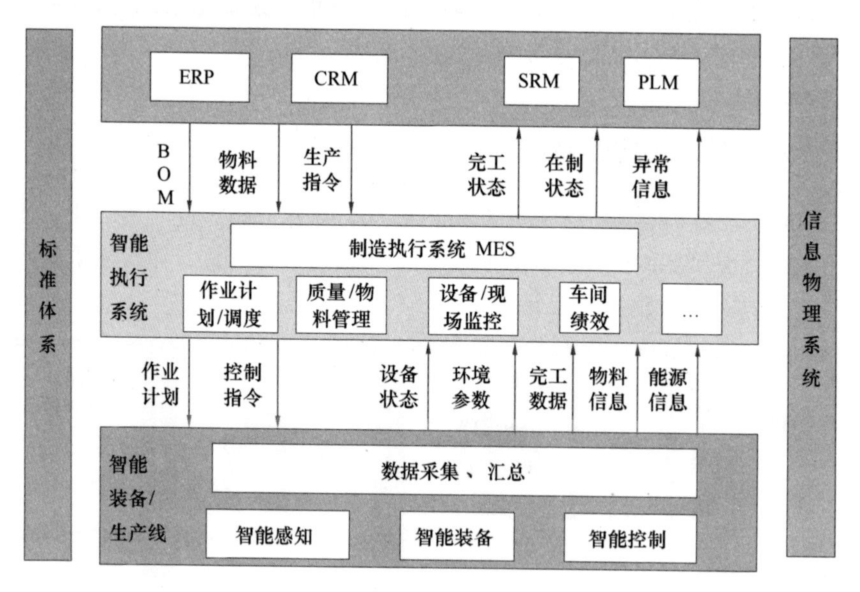

图 5-23 建筑陶瓷智能生产管理系统框图

结合国内外智能制造的现状和一些案例，从智能生产的角度，简单、具体地阐述了建筑陶瓷智能工厂中的智能装备、智能网络架构、数据采集传输系统及智能生产管理平台，为典型建筑陶瓷智能工厂的建设提供参考方案。

参考文献

[1] 我国陶瓷砖：产品质量逐年提升“国抽”亟需陶企重视[EB/OL].（2013-09-06）. http：//www. fstcb. com/news/show-41804. html.

[2] 景德镇：陶瓷人才“硅谷”正崛起［EB/OL］.（2012-08-14）. https：//news. artron. net/20120814/n256389. html.

[3] 真能！从“金意陶”到“金意绿能”，改了两个字，跨界一大步！[EB/OL].（2017-10-20）. https：//www. sohu. com/a/199147331 _ 808540.

[4] 佛山传统陶瓷业产业创新升级形成新优势[EB/OL].（2010-1-5）. http：//info. bm. hc360. com/2010/01/051150129274-3. shtml.

[5] 2018 年国内外建筑陶瓷行业发展现状 我国领先建筑陶瓷产区优势明显[EB/OL].（2018-09-14）. http：//market. chinabaogao. com/fangchan/09143B2362018. html.

[6] 山东省建筑卫生陶瓷产业转型升级实施方案[EB/OL].（2015-04-09）. http：//www. dzwww. com/shandong/sdnews/201504/t20150409 _ 12192698. htm.

[7] 综论广东佛山陶瓷产区产业优势［EB/OL］.（2017-12-13）. http：//www. sohu. com/a/210300900 _ 100083461.

[8] 2017 年我国陶瓷砖出口下滑趋势明显，哪些国家对华反倾销？[EB/OL].（2017-06-28）. http：//www. chinaceram. cn/news/201706/28/63090. html.

[9] 瓷砖出口三问：反倾销伤害了谁？如何应对？“价格承诺”能否破局？[EB/OL].（2018-01-20）. https：//www. iyiou. com/p/64828. html.

[10] 不要再怪“反倾销”了，中国瓷砖出口下滑的主要原因是这个[EB/OL].（2017-06-16）. https：//www. sohu. com/a/149499697 _ 158816.

[11] 137 家陶企退出、产量下降 11%、营收下滑 28%，2018 是陶瓷行业最差的一年？[EB/OL].（2019-04-25）. http：//www. chinaceram. cn/news/201904/25/101962. html.

[12] 制造业的生产类型和需求分析[EB/OL]. http：//www. 360doc. com/content/15/0923/03/175498 _ 501045096. shtml.

[13] 离散制造与流程制造定义与异同[EB/OL]. https：//wenku. baidu. com/view/4e4132859fc3d5bbfd0a79563c1ec5da50e2d6d9. html.

[14] 陶瓷生产过程特点[EB/OL]. https：//wenku. baidu. com/view/c34a00fe55270722182ef73c. html? from=search.

[15] 建筑陶瓷营销模式面面观[EB/OL].（2008-05-27）. http：//blog. sina. com. cn/s/blog _ 51cdf65901009j4v. html.

[16] 高风险 高投入 瓷砖电商喧嚣过后路在何方[EB/OL].（2016-08-02 ）. http：//jiaju. sina. com. cn/news/20160802/6166165113268404962. shtml.

[17] 欧神诺O2O新零售店、曲美家居你+生活馆：以场景与体验为核心的门店变革在路上[EB/OL]. (2018-4-29). http://www.sohu.com/a/229931314_99946217.

[18] 潘永花. 数据赋能传统产业转型升级的5个方向[EB/OL]. (2016-8-11). https://www.gkzhan.com/news_People/detail/dy817_p2.html.

[19] 大数据背景下的"智能制造"[EB/OL]. (2015-11-12). http://video.gongkong.com/newsnet_detail/333438.htm.

[20] 莫莉，郑力. 世界先进制造系统的演进路径及体系结构[J]. 兵工自动化，2013(11)：1-7.

[21] 中国科学院先进制造领域战略研究组. 中国至2050年先进制造科技发展路线图[M]. 北京：科学出版社，2010.

[22] 刘飞，曹华军，张华，等. 绿色制造的理论与技术[M]. 北京：科学出版社，2005.

[23] 工信部：抓紧出台绿色制造标准体系[EB/OL]. (2016-1-15). http://finance.sina.com.cn/stock/t/2016-01-15/doc-ifxnqriz9709073.shtml.

[24] 流程制造业发展进入拐点 绿色发展工程如何推进[EB/OL]. (2015-09-10). http://www.gkzhan.com/news/Detail/58772.html.

[25] 同继峰，马眷荣. 绿色建材[M]. 北京：化学工业出版社，2015.

[26] 彭瑜，刘亚威，王健. 智慧工厂：中国制造业探索实践[M]. 北京：机械工业出版社，2016.

[27] 欧盟未来工厂路线图[EB/OL]. (2015-1-13). http://www.scichi.cn/content.php? id=1128.

[28] 《中国制造2025》解读：提出制造强国三步走战略[EB/OL]. (2015-05-19). http://finance.sina.com.cn/china/bwdt/20150519/143522215413.shtml.

[29] 家居制造行业是轻工业转型升级的新增长点[EB/OL]. (2017-08-18). https://cq.qq.com/a/20170818/037749.htm.

[30] 工业和信息化部，国家标准化管理委员会.《绿色制造标准体系建设指南》(工信部联节〔2016〕304号).

[31] 张益，冯毅萍，荣冈. 智能工厂的参考模型与关键技术[J]. 计算机集成制造系统，2016，22(1)：1-12.

[32] Business-to-Customer[EB/OL]. http://baike.baidu.com/view/7143270.htm.

[33] 黄小原，管曙荣，晏妮娜. B2B在线市场运作、协调与优化问题研究进展[J]. 信息与控制，2005(2).

[34] 戴国良. C2B电子商务的概念、商业模型与演进路径[J]. 商业信息，2013(17).

[35] 周俊. 建筑陶瓷清洁生产[M]. 北京：科学出版社，2011.

[36] 中国科学院可持续发展组. 中国可持续发展战略报告[M]. 北京：科学出版社，1999.

[37] 任强，李启甲，嵇鹰，等. 绿色硅酸盐材料与清洁生产[M]. 北京：化学工业出版社，2004.

[38] 国家市场监督管理总局，中华人民共和国工业和信息化部. 绿色工厂评价通则：GB/T 36132—2018[S]. 北京：中国标准出版社，2018.

[39] 中华人民共和国工业和信息化部. 建筑陶瓷行业绿色工厂评价通则(送审稿) [S].

[40] 工业和信息化部，国家标准化管理委员会. 国家智能制造标准体系建设指南(2018年版)[R]. 2018.

[41] 蒋明炜. 机械制造业智能工厂规划设计[M]. 北京：机械工业出版社，2017.

[42] 王元卓，靳小龙，程学旗. 网络大数据：现状与展望[J]. 计算机学报，2013(6).

[43] 全国信息安全标准化技术委员会大数据安全标准特别工作组. 大数据安全标准化白皮书(2017 版)[EB/OL].(2017-4-11). https：//www.sohu.com/a/133352928_505891.

[44] 边缘计算产业联盟(ECC)与工业互联网产业联盟(AⅡ). 边缘计算白皮书[S]. 2017.

[45] 中国信息通信研究院. 云计算发展白皮书(2018)[R]. 2018.

[46] 工业互联网产业联盟. 工业互联网平台白皮书(2017)[R]. 2017.

[47] 这篇文章让你了解智能制造及其十大关键技术[EB/OL].(2017-11-1). https：//blog.csdn.net/u013999597/article/details/78413128.

[48] 黄惠宁. 全球瓷砖发展现状与启示[J]. 佛山陶瓷. 2015(12)：1-11.

[49] 2015 世界十大瓷砖品牌排行榜[EB/OL].(2015-04-07). https：//www.bzw315.com/zx/hyzx/168346.html.

[50] 进口瓷砖的中国征途浅析[EB/OL].(2016-7-16). https：//www.bmlink.com/colorker/news/609726.html.

[51] 张柏清，林云万. 陶瓷工业机械设备 [M]. 2 版. 北京：中国轻工业出版社，2018.